TASKS
&TEAMS

Heinz-Walter Große
Bernadette Tillmanns-Estorf

TASKS &TEAMS

DIE NEUE FORMEL
FÜR BESSERE ZUSAMMEN-ARBEIT

MURMANN
MURMANN PUBLISHERS

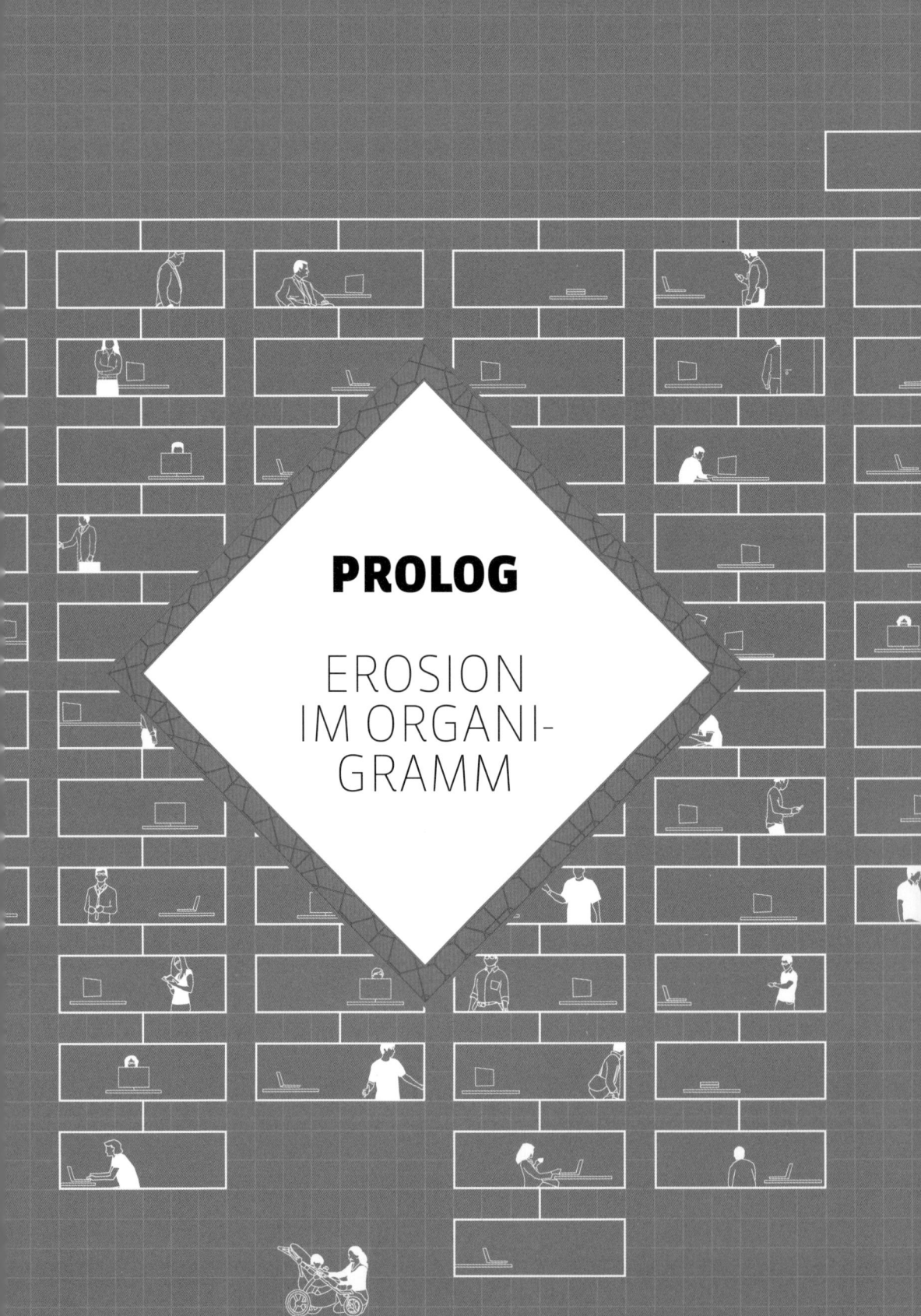

PROLOG

EROSION IM ORGANI-GRAMM

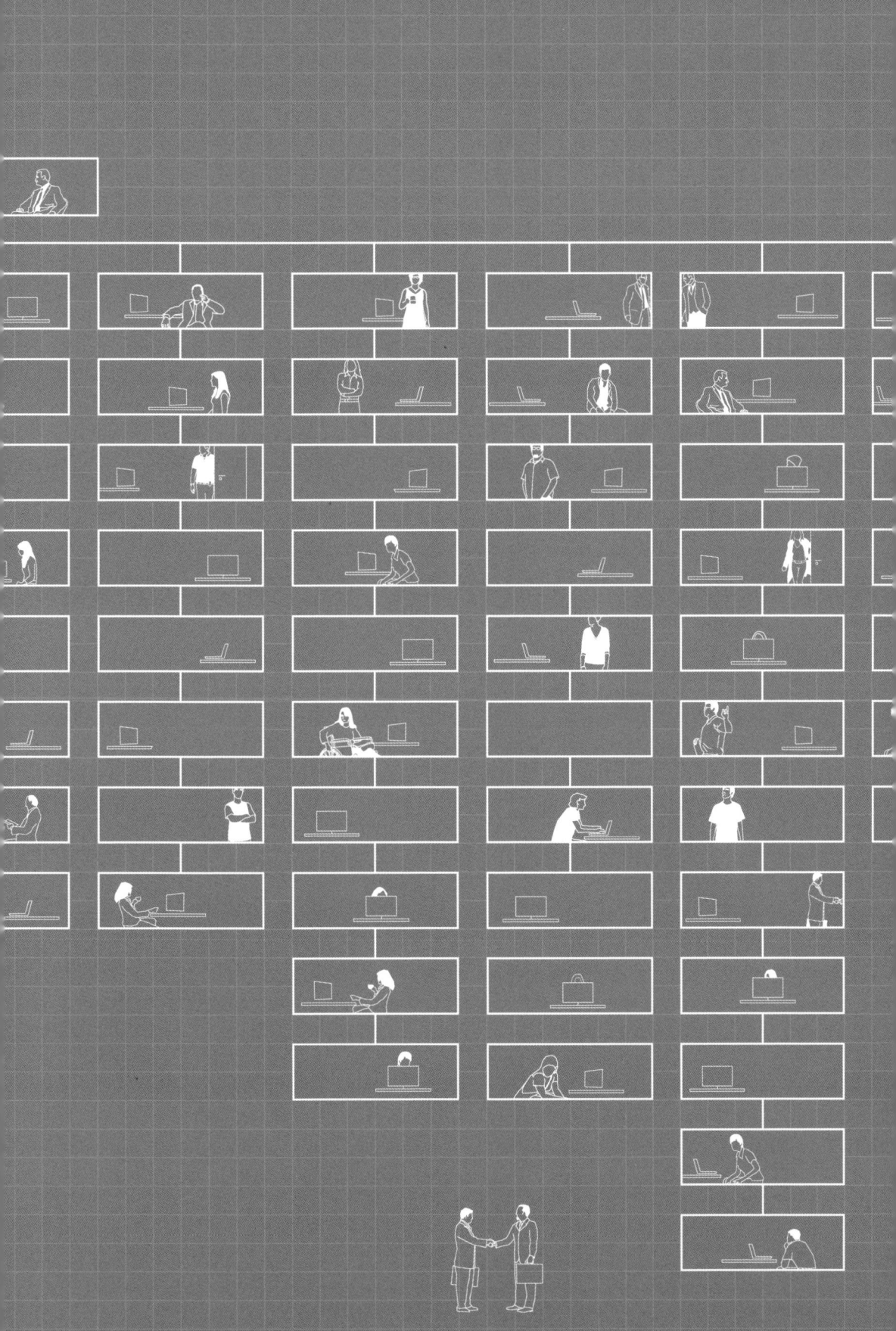

LEITER PRODUKTION
PAUL MEGATH

Paul Megath hat alles im Griff. Schließlich ist er schon seit
35 Jahren in der Firma und kennt seinen Bereich aus dem Effeff. Auf
seinem Schreibtisch steht ein Schild mit dem Spruch: »The buck stops
here!« – wie auf dem Schreibtisch des ehemaligen US-Präsidenten
Truman. »Ich übernehme die Verantwortung. Ich bin die letzte Instanz!«,
heißt das. Dass bei seinen Mitarbeitern großer Frust darüber herrscht,
nicht in Entscheidungen einbezogen zu werden, dass er als Flaschenhals Prozesse blockiert und Ineffizienz bewirkt, das kriegt er nicht mit.
Und außerdem: Wozu Produktion und Logistik digital verknüpfen? Die
jungen Kollegen von der Konkurrenz, die er neulich beim »Production
Summit« traf, und ihr Gerede vom IoT, dem Internet of Things ... Das
ist alles unnötiger neumodischer Kram, meint Paul. Mit dem die Konkurrenz allerdings erheblich Zeit und Kosten spart und die Kunden-
zufriedenheit deutlich steigert. Das wissen in Pauls Abteilung
eigentlich alle. Nur einer nicht: Paul.

UX-DESIGNERIN
MICHAELA MÜLLER

Michaela Müller möchte mehr Verantwortung übernehmen.
Das geht aber nur, wenn sie in der Hierarchie aufsteigt. Doch die
Leitungspositionen über ihr sind bereits mit jungen Kolleginnen besetzt.
Das heißt: Ihren Wunsch, im Unternehmen mehr zu bewegen, kann sie
auf lange Sicht vergessen. Nachdem ihr Chef das glasklar mitgeteilt hat,
wird das Abendessen zur Krisensitzung. »Ich komme hier einfach nicht
weiter! Torsten« – sie blickt ihrem Freund entschlossen in die Augen –
»ich suche mir einen neuen Job. Und wenn wir dafür umziehen müssen.«

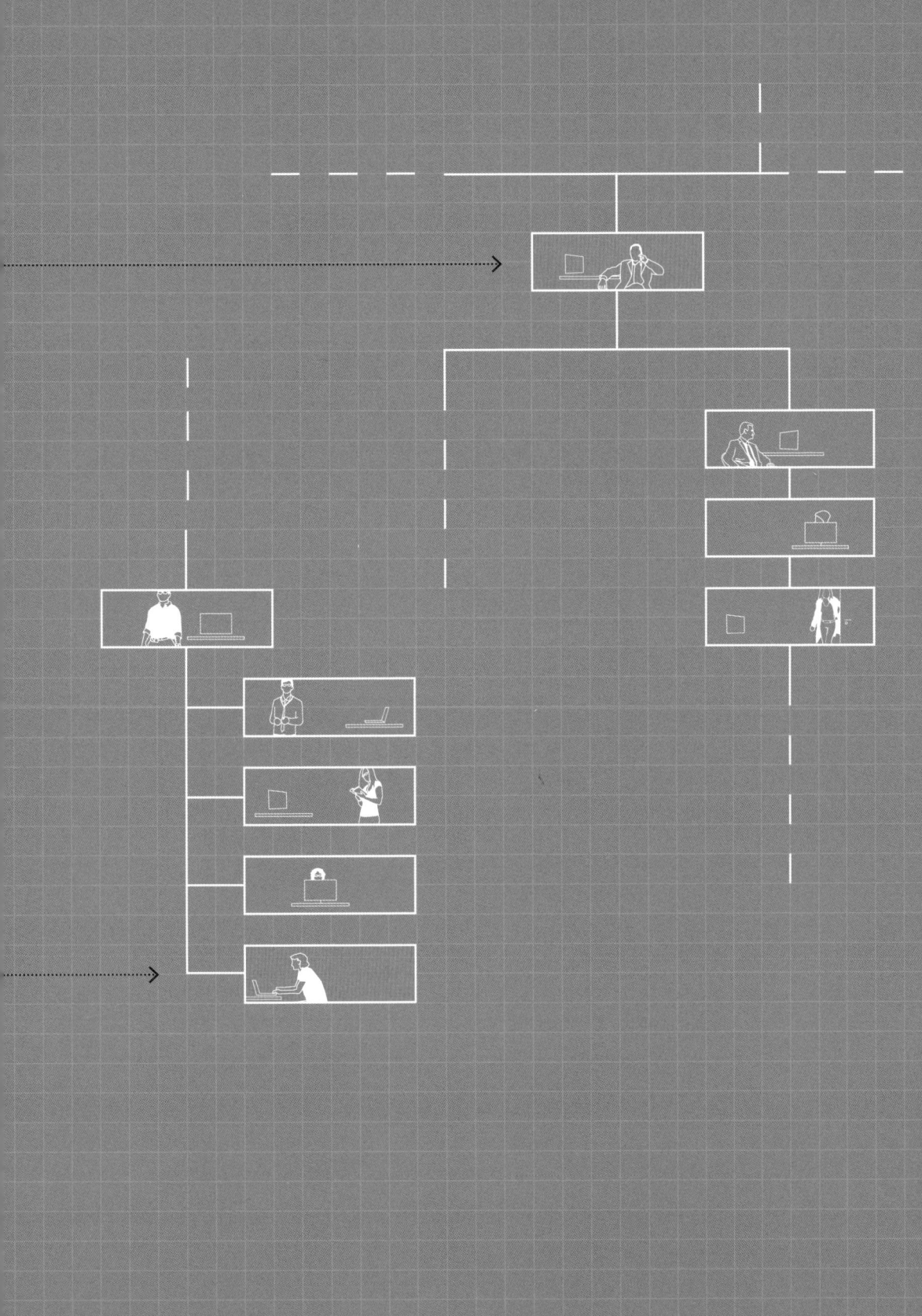

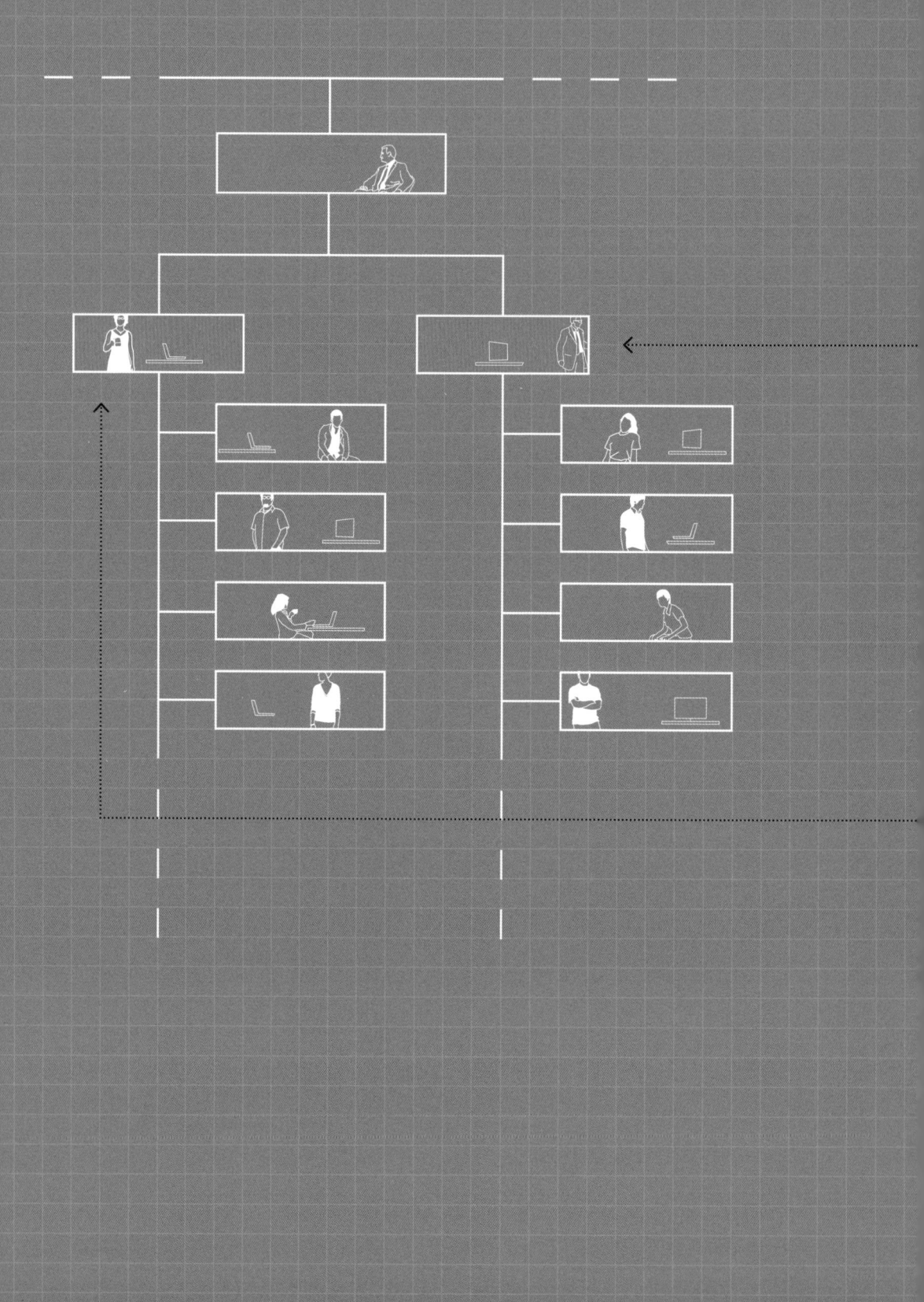

LEITER INTERNE WEITERBILDUNG
KLAUS WESTERMANN

Klaus Westermann ist Teil einer abteilungsübergreifenden Gruppe, die eine große Fachkonferenz in den Räumen des Unternehmens organisieren soll. Weil vom Facility Management über die Leiter der inhaltlich beteiligten Sparten bis hin zum Controlling und zum Vorstand viele verschiedene Gremien zu jeder Entscheidung hinzugezogen werden müssen, ist der Prozess äußerst zäh und langwierig. »Wenn ich damit durch bin«, denkt sich Klaus, »werde ich so eine Aufgabe nie wieder übernehmen! Die delegiere ich dann an Irene. Da darf sie sich mal beweisen.«

LEITERIN SOCIAL MEDIA
JULIA BOZIGURSKI

Julia Bozigurski hat vom Vorstand eine neue Aufgabe übertragen bekommen. »Wir müssen in sämtlichen relevanten Social-Media-Kanälen mitspielen und die dabei anfallenden Daten nutzen, um mehr über unsere Kunden zu erfahren!« »Na fein«, denkt sie sich, »dafür benötige ich mindestens zwei neue Mitarbeiter und vielleicht sogar eine neue, zwischendrin eingezogene Hierarchieebene!« Zwar gibt es im Marketing viele Kolleginnen und Kollegen, die sich mit der Auswertung digitaler Daten bestens auskennen, Interesse an Kommunikation haben und durchaus projektbezogen aushelfen könnten – aber das ist ja eine andere Abteilung. Und außerdem, wer lässt sich schon die Chance entgehen, die Zahl seiner Direct Reports zu vergrößern …

TASKS &TEAMS

INHALT

PROLOG

ABRISS

SICHTUNG

NEUAUFBAU

PRAXIS

Heinz-Walter Große

Die Arbeit wird uns, der B. Braun Melsungen AG, nicht ausgehen. Der Bedarf an innovativen Produkten in der Medizintechnologie wird weltweit ansteigen. Dafür werden wir weiter Fachkräfte benötigen, hochqualifizierte Ingenieure, IT-Experten oder auch Fachkräfte in der Kommunikation. Unser Unternehmen muss sich daher als attraktiver Arbeitgeber präsentieren, muss moderne Arbeitsumgebungen bieten und auch Entwicklungschancen.

Und da wird es interessant. Wir stellen gerne ein, wir sind ein beliebter Arbeitgeber bei uns in der Region und an unseren internationalen Standorten. Einstellungen stehen auch für die Kraft eines Unternehmens. Einstellungen sind Zeichen des Erfolgs. Doch, und da wären wir beim Grund unseres Buches: Den Aufbau einer Belegschaft muss man sich auch leisten können. Einstellungen sind ein Balanceakt, das gerät leicht aus dem Blick. Gerade bei stabilem Wachstum. Das kann irgendwann nicht mehr gut gehen. Denn das Mehr an Mitarbeitern muss man sich als Unternehmen erst einmal verdienen.

Wir bei B. Braun standen daher vor der Frage, wie wir verhindern, dass wir personell ständig weiter wachsen, auch um morgen überlebensfähig zu sein. Und das ist einer der Gründe dafür, dass wir begonnen haben, nicht unsere Mitarbeiterinnen und Mitarbeiter zu hinterfragen – sondern die Arbeit zu hinterfragen. Wie können wir anfallende Arbeit effizienter organisieren? Wie können wir das Wuchern von neuen Abteilungen verhindern und gleichzeitig anfallende Aufgaben intelligenter aufteilen?

Das wollen wir Ihnen in diesem Buch zeigen.

Mit Ideen und Impulsen von außen und innen haben wir eine individuelle Methode, die B. Braun-Methode, entwickelt, um die Arbeit effizienter zu organisieren: Wir nennen sie Tasks & Teams. Wir verstehen unser Buch als eine Anregung und als Beispiel dafür, wie auch einem traditionellen Konzern wie B. Braun der Schritt in eine neue Arbeitswelt gelingen kann. Mir ist dabei besonders wichtig: Es geht uns nicht um die Fassade. Wir wollen nicht einfach nur Lounges einrichten und die Krawatten wegwerfen – wir wollen die Arbeit neu organisieren. Deshalb wollen wir uns von alten Formen der Zusammenarbeit verabschieden – und von ihrem Sinnbild, dem Organigramm, ebenfalls. Deshalb haben wir uns auf den Weg gemacht und Zusammenarbeit neu gestaltet. Und dabei haben wir Erstaunliches geleistet, haben viele neue Talente und Fähigkeiten bei uns entdeckt.

**»TASKS & TEAMS IST
NICHT (NUR) EINE NEUE
FORM DER ORGANISATION,
SONDERN ORGANISIERT
DAS DENKEN NEU.«**

Wie es sich weiterentwickelt, betrachten wir mit großer Spannung. Die bisherigen Ideen und praktischen Anwendungen sind handfest und haben sich als absolut tauglich erwiesen. Wir laden Sie ein, folgen Sie uns, machen auch Sie sich auf den Weg – und ich verspreche Ihnen eines: Sie werden Ihre Organigramme nicht vermissen.

Bernadette
Tillmanns-Estorf

»Warum machen wir das eigentlich?« »Wir haben doch immer schon vernetzt gearbeitet, was ist daran jetzt neu?« Oder: »Wozu braucht man da noch Führungskräfte?« Diese und ähnliche Fragen begegnen mir, wenn ich mit Mitarbeitern, Kollegen und Vertretern anderer Unternehmen über Tasks & Teams diskutiere – den neuen Weg der Zusammenarbeit bei B. Braun.

Mir ist es wichtig zu zeigen, wie neue Ideen der Zusammenarbeit Potenziale freisetzen und warum es sich manchmal lohnt durchzuhalten, wenn man von etwas überzeugt ist. Wir wollen in diesem Buch beschreiben, was moderne Führung in einem 180 Jahre alten Unternehmen bedeutet und was sich an Chancen daraus ergibt – innerhalb und außerhalb von B. Braun.

Wir werfen einen Blick hinter die Kulissen von Tasks & Teams. Wir zeigen, was es heißt, wenn man denen Verantwortung überträgt, die sich am besten mit einem Thema auskennen. Und vor allem zeigen wir, wie Arbeit neu verteilt wird – und wie wir es künftig vermeiden können, Organigramme und Strukturen unnötig aufzublähen.

Wir schreiben ein Buch, weil wir tiefer gehen wollen als ein paar bunte PowerPoint-Charts. Hier bekommen Sie konkrete Unterstützung für eine komplette oder teilweise Umsetzung einer neuen Methode. Das Buch richtet sich an alle Mitglieder eines Unternehmens, die über eine Neuorganisation der Arbeit, wie Tasks & Teams sie bedeutet, entscheiden und diese umsetzen – vom Vorstand bis zu den Mitarbeitern. Weiter gefasst: an alle, die aus privatem oder beruflichem Interesse erfahren möchten, wie wir Arbeit im beginnenden 21. Jahrhundert besser organisieren können.

Wir wollen mit unserem Buch aufräumen mit althergebrachten Denkmustern, den Kopf frei machen für ein neues Zusammenarbeiten, bei dem Hierarchie, Kästchen und Egotrips keinen Platz mehr haben. Wir zeigen, wie wir unseren Weg gegangen sind und weiterhin gehen wollen, der nicht immer einfach war und sicherlich nicht immer einfach wird.

Wir richten uns an die, die jenseits aller theoretischen Abhandlungen Ähnliches verwirklichen wollen und ihre Ängste und Bedenken über Bord werfen. Wir bieten Einblicke in unseren Alltag und möchten die beflügeln, die ihren eigenen verändern wollen.

Denn: Tasks & Teams schafft Freiräume – auch bei B. Braun. Wir haben bei uns gesehen: Es entsteht eine neue Energie der Zusammenarbeit, die für das Wesentliche im Unternehmen genutzt wird. Für die Erledigung der Aufgaben des Bereichs – mit dem jeweils besten Team.

»Agilität« ist ein heute gängiger Begriff – auch wenn vielen nicht immer klar ist, was damit eigentlich gemeint ist. Angesichts vielfältiger theoretischer Abhandlungen und Veröffentlichungen zur Agilität ist es uns ein Anliegen, am Beispiel Tasks & Teams konkret zu machen, was »agil« bedeutet – nämlich mehr Flexibilität für Mitarbeiter und Führungskräfte, die zu mehr Motivation führt, zu neuen Perspektiven auch für die eigene Entwicklung. Es geht darum, Zusammenarbeit neu zu denken und Veränderung pur voranzutreiben.

Veränderung bedeutet das auch für die HR-Funktion in einem Unternehmen – der Personalbereich wird vom Verwalter zum Ermöglicher, vom selbst ernannten Lehrmeister zum Coach, vom Bewahrer zum Selbstversuchenden.

Wir wollen mit diesem Buch auch Sie überzeugen und Ihnen eventuelle Ängste vor einer Neuorganisation der Arbeit nehmen. Für uns hat der Neustart bereits Positives gebracht – vielleicht ja auch bald für Sie.

Ein Wort noch zu den im Buch verwendeten Beispielen: Manche sind weitestgehend real, andere frei erfunden – sie dienen allein dem Zweck, Tasks & Teams anschaulich zu machen.

ABRISS

WIE ETWAS ALTES VERSCHWINDET – UM PLATZ ZU MACHEN FÜR DAS NEUE

DER GROSSE KNALL

Es ist ein nebliger Morgen. Gerade mal sieben Uhr. Das Gelände ist weiträumig abgesperrt. Die Zuschauer stehen in sicherer Entfernung. Viele sind gekommen, alle wollen sehen, wie das vermeintlich Unzerstörbare in sich zusammensackt. Die ganze Nacht haben die Sprengmeister gearbeitet. In jeder Ritze, an jeder Ecke haben sie kleine Ladungen deponiert. Sprengladungen mit hoher Kraft. Die Messungen hatten ergeben, dass mehr Sprengstoff notwendig ist als üblich. Langsam wird die Zündschnur ausgerollt, die Arbeiter gehen sehr behutsam vor. In dieser Phase darf kein Fehler mehr passieren.

Alle haben auf diesen Augenblick hingearbeitet. Die Anspannung ist hoch. Selbst die Zuschauer sind sehr ruhig, von ferne ist nur ein kurzes Kinderlachen zu hören. Jeder weiß: Das ist ein historischer Moment. Wenn diese Sprengung gelingt, wird nichts mehr so sein wie zuvor. Langsam bereitet der Sprengmeister die Zündung vor, die minutiöse Planung nähert sich ihrem Höhepunkt. Das Wetter ist günstig, die hohe Luftfeuchtigkeit führt dazu, dass sich die Staubwolke nicht weit ausbreiten wird.

Wir kennen die Bilder der Fabriktürme, der Brücken, die in sich zusammenfallen, wenn sie gesprengt werden, wenn sie in sich zusammensacken. Das sieht oft aus, als würden sie sich ein letztes Mal verneigen. Jetzt ist es so weit. Die Zuschauer halten den Atem an. Kein Ton ist zu hören.

Plötzlich ein Alarmsignal. Es dauert nur den Bruchteil einer Sekunde. Und dann drei kurze, gewaltige Detonationen:

BOOOOOMMMM!!!!!
BOOOOOOOOOOMMMMMMMM!!!!!!
BOOOOOOOOOOOOOOOMMMMMMMMMMM!!!!!!

Die Zuschauer halten sich die Ohren zu. Der Lärm ist ohrenbetäubend. Alle Blicke gehen an den Ort, wo es vorher stand. Wir sehen, wie es in sich zusammenbricht. Wie die Einzelteile in die Luft fliegen. Wie der Stolz eines Unternehmens zu Staub wird. Wie ein Kästchen nach dem anderen in sich zusammenfällt.

Rauchwolken werden aufgewirbelt, es qualmt und dampft. Alles hat perfekt geklappt. Die Zuschauer blicken gebannt auf die Stelle, wo es vorher war. Kaum hat sich der Dunst verzogen, sehen wir die Trümmer vor uns. Die Sprengung ist geglückt! Wir haben das Organigramm gesprengt.

Das Organigramm?

Ja, Sie haben richtig gelesen: das Organigramm. Und wenn Sie sich jetzt, liebe Leserin, lieber Leser, fragen: Der große Knall? Das Organigramm? Wie genau ist das gemeint? Was stimmt bei denen nicht? Dann sagen wir Ihnen: Genau das war unser Plan. Wir wollten das Organigramm sprengen.

Es ging nicht mehr anders. Unser Unternehmen hat es nicht mehr gebraucht. Keiner braucht noch Organigramme in der heutigen Form. Organigramme sind unserer Meinung nach nicht mehr zeitgemäß – aber eben beharrlich, sehr widerstandsfähig und ständig wachsend. Deshalb die Sprengung. Deshalb der Abschied von etwas nicht mehr Zeitgemäßem. Der Abschied vom Gestern.

EINE NOTWENDIGKEIT, KEINE MODE

Und genau davon soll dieses Buch handeln. Von der mutigen Verabschiedung eines Gestern. Eines Gestern, das nicht mehr funktionieren wird – dem aber noch viele nachhängen, von dem sich viele nicht so leicht verabschieden wollen. Wie wir diesen Abschied eingeleitet haben, davon erzählt dieses Buch. Wir werden Ihnen darin zeigen, warum wir uns zu diesem drastischen Schritt entschlossen haben. Warum wir sprengen mussten. Und wie es dazu kam, dass B. Braun Organigramme in die Luft jagen will. Und wir werden Ihnen zeigen, was danach kommt. Denn die naheliegende Frage ist: Was macht ein Unternehmen ohne Organigramm? Geht das überhaupt? Wird es nun besser? Wie wird es besser? Und vor allem: Was kommt anstelle des Organigramms? Unser Buch erzählt auch vom entschlossenen Kurs hin zu einer neuen Struktur, zu selbstorganisiertem Arbeiten und einer anderen Kultur der Führung, zu mehr Mitarbeiterzufriedenheit – und wie das heute in einem 63 000-Mitarbeiter-Unternehmen umgesetzt werden kann. Schritt für Schritt. Weil wir nur das weitergeben können, was wir selbst erlernt und verstanden haben.

In einer ersten Etappe, nachdem wir Sie in unsere Gründe eingeweiht haben werden, nachdem die Sprengung vollzogen worden sein wird, werden wir uns auf die Suche nach den verbliebenen Einzelteilen machen. Wir werden abwägen: Was von den Trümmern wollen wir behalten? Was wollen wir eventuell renovieren und modifizieren? Auf was können wir in Zukunft getrost verzichten? Und dann werden wir die entscheidenden Fragen klären: Wie arbeiten wir besser ohne Organigramm? Wie sieht die neue Struktur aus? Welche Kultur braucht man dazu? All das werden wir mit Ihnen teilen.

Unser Buch wird Ihnen zeigen, wie die Aufräumarbeiten aussehen, wie die sorgfältige Auf- und Umbauarbeit strukturiert wird, damit ein besseres Leben und Arbeiten ohne Organigramme gelingt – und vor allem, wie das in einem Konzern wie B. Braun gelingen kann. Welche Folgen das für ein Unternehmen mit großer Tradition hat, wie sich Komplexität innerhalb eines Unternehmens ohne Organigramm organisieren lässt und wie man den Anforderungen einer hochspezialisierten Branche dennoch gerecht wird, bei anhaltend hoher Motivation der Mitarbeiter. Sie werden sehen, welche sinnstiftende Wirkung der Abschied vom Organigramm hat. Und vor allem, wie man mit den Unsicherheiten nach dem Knall umgeht.

Denn das war für uns eine elementare Erfahrung. Das Fehlen des Organigramms sorgt für Verunsicherung und Widerstände im Unternehmen. Also muss man die Sprengung des Organigramms mit Führungskräften und Mitarbeitern vorbereiten. Denn: Ist es dann weg, fehlt etwas. Also sollte etwas anderes an seine Stelle treten. Und genau darum geht es uns. Wir werden Ihnen zeigen, wie wir es gemacht haben. In konkreten Beispielen werden Sie erfahren, wie wir in einigen Bereichen angefangen haben, Aufgaben neu zu verteilen, und was wir tun, um die Entwicklung weiter am Laufen zu halten.

Wir werden Sie nicht nur an unserem Wandel teilhaben lassen, wir werden Ihnen auch Werkzeug an die Hand geben, um selbst den systematischen Umbau anzugehen. Vieles von dem, was heute unter dem Begriff »New Work« durch die Welt flattert, mag heiße Luft sein, mag den intensiven Realitäts-Check nicht bestehen, das dürfte der eine oder andere von Ihnen bereits selbst erfahren haben. Was wir aber angepackt haben, wie wir B. Braun weiter umbauen wollen, das ist in jedem Fall mehr als eine Mode, die wieder vergeht. Das war und ist eine Notwendigkeit. Wir sind überzeugt, dass es Bestand haben wird. Und wir glauben: Es ist für jedes Unternehmen von Bedeutung.

Kurz und bündig: In diesem Buch werden wir Ihnen zeigen, wie wir unser Denken verändert haben – und wie Sie Ihr Denken verändern können. Zunächst aber wollen wir Ihnen berichten, wie es zum großen Knall kam. Denn bevor wir das Organigramm in die Luft sprengten, gerieten bei uns einige Überzeugungen ins Wanken.

DER WEG
ZUR SPRENGUNG

Es begann mit einem alljährlichen Ritual: Der Vorstand hatte sich zur Bilanz-besprechung getroffen, um den Jahresabschluss zu verabschieden. Der Jah-resabschluss wurde im Detail vorgestellt und besprochen. Zum Ende der zweistündigen Besprechung gab der Wirtschaftsprüfer – wie seit Jahren üb-lich – eine Gesamtbetrachtung des Abschlusses aus seiner Sicht.

So weit war alles »normal«. Doch dann sagte er etwas, was auch uns in den vergangenen Jahren immer wieder beschäftigt hatte. Und als unser Wirt-schaftsprüfer es aussprach, traf er genau diesen wunden Punkt.

Er sagte: »Ich verfolge viele Jahresabschlüsse von Familienunternehmen, und nur wenige können wie B. Braun ein so kontinuierliches Umsatzwachs-tum ohne jegliche Einbrüche vorweisen« – hier machte er eine kleine Pause, dann fuhr er fort – »aber mit dem Umsatz wächst bei Ihnen immer auch die Zahl Ihrer Mitarbeiter fast umsatzproportional.«

Er sagte das sehr nüchtern, sehr unaufgeregt, doch dann wurde er etwas eindringlicher: »Darauf müssen Sie ein Auge haben, denn wenn sich die Zahl der Mitarbeiter proportional zum Umsatz entwickelt, können Sie keine po-sitiven Synergien aus dem Mehrumsatz ziehen.« Das sei zwar wegen der Schaffung vieler Arbeitsplätze kurzfristig positiv, auf lange Sicht aber – auch angesichts verstärkt aufkommender digitaler Geschäftsmodelle – nicht ganz ungefährlich.

Damit hatte er etwas gesagt, was uns, wie gesagt, schon seit einiger Zeit beschäftigt hatte. Und wir hatten das vorher nicht mit ihm abgesprochen oder gar gesagt: »Sie müssen das endlich mal ansprechen, damit es die an-deren verstehen!« Nein, er hatte es von sich aus gesagt. Genau das gab uns zu denken. Er hatte etwas auf den Punkt gebracht, genau zur richtigen Zeit, genau mit der richtigen Intensität. Er hatte einen Nerv getroffen. Und im Grunde waren wir längst bereit für eine Korrektur.

Mir kam etwas in Erinnerung. Vor einiger Zeit fiel mir eine alte Kien-baum-Studie aus dem Jahr 1969 in die Hände. Diese Studie befasste sich mit der Neuorganisation von B. Braun vor eben fast genau 50 Jahren. Die

Studie war vom damaligen Management, vornehmlich den Herren Otto und Dr. Bernd Braun, in Auftrag gegeben worden. Das Unternehmen verzeichnete damals einen Umsatz von 100 Millionen D-Mark bei einer Mitarbeiterzahl von 1800.

Beim Lesen dieser Studie fielen mir vor allem drei Aspekte auf:

1. Beeindruckend war, dass man sich so früh mit einer Strukturanalyse des Unternehmens und dessen Neuorganisation beschäftigte.
2. Erstaunlich war auch, mit welcher Sorgfalt und Akribie für das gesamte Unternehmen neue Organigramme erarbeitet wurden. Vor allem aber, dass diese Organigramme sich in ihrer Struktur bis heute nicht verändert haben. Man hatte sorgfältig aus der Beschreibung einzelner Aufgaben bestimmte Bereichsorganigramme mit einer großen Anzahl an Kästchen entwickelt. Teilweise waren diese Kästchen noch gar nicht »befüllt« – aber man hatte sie sicherheitshalber schon mal vorgesehen.
3. Mit am interessantesten beim Lesen dieser Studie war jedoch, dass eine ganze Reihe von Aussagen und Beobachtungen (allesamt 50 Jahre alt) auch heute noch ihre Gültigkeit haben. Eines der bemerkenswertesten Zitate von 1969 lautet: »Der Anteil der Angestellten an der Gesamtbelegschaft ist von 25,9 Prozent in den Jahren 1962/1963 auf 28,2 Prozent in 1967/1968 angestiegen. Dieser steigenden Entwicklung sollte Beobachtung geschenkt werden.«

Im Grunde entsprach das fast genau der Feststellung unseres Wirtschaftsprüfers 50 Jahre später. Und auch deshalb sahen wir nun Handlungsbedarf. Dass am Ende dann die Sprengung des Organigramms stehen sollte, das war noch nicht abzusehen.

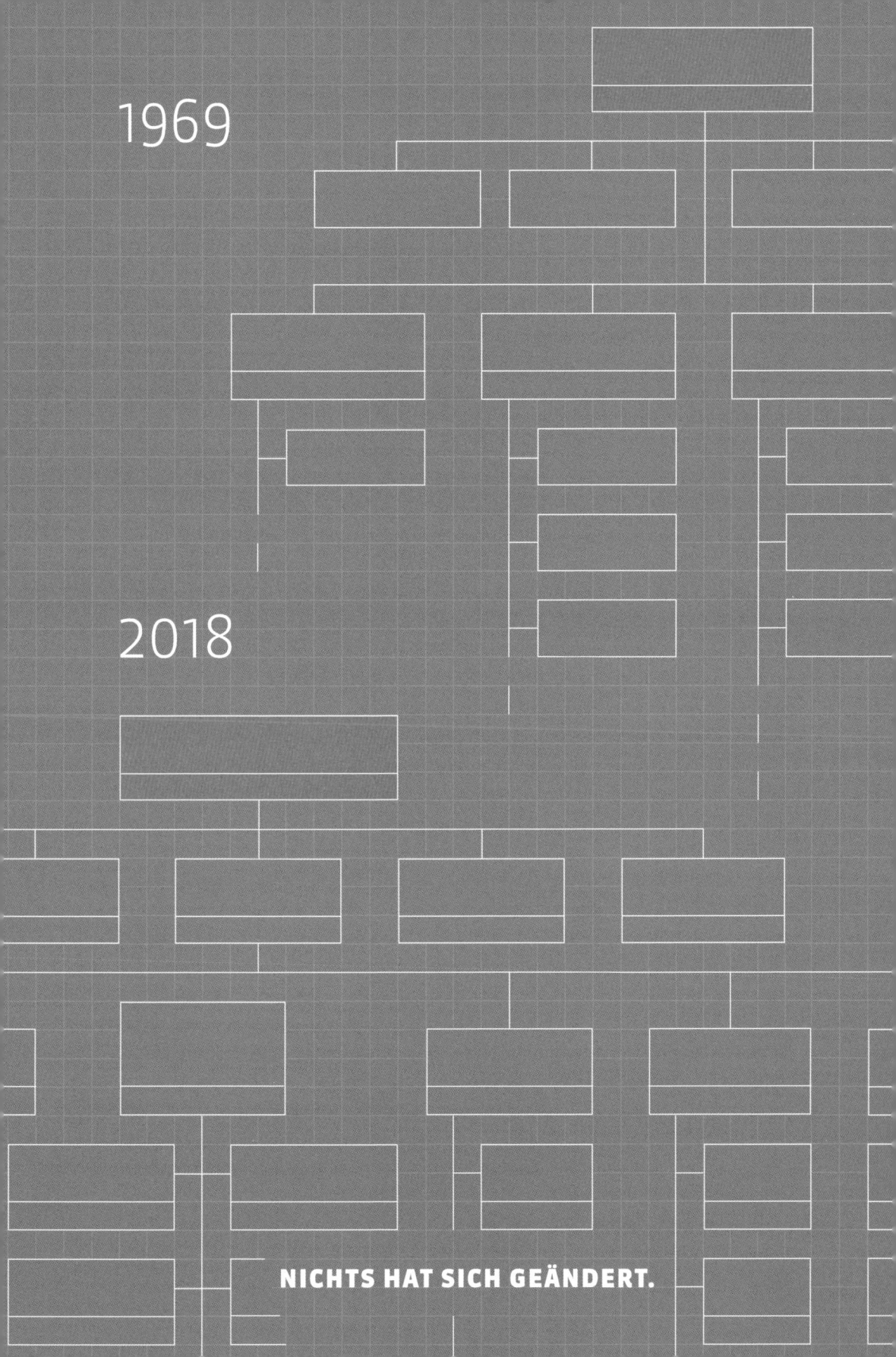

1969

2018

NICHTS HAT SICH GEÄNDERT.

INTERVIEW MIT DR. PETER BARTELS,
LEITER CLIENTS & MARKETS, PWC DEUTSCHLAND

Herr Bartels, Sie haben uns mit Ihrer Bemerkung hinsichtlich der Mitarbeiterentwicklung im Verhältnis zur Umsatzentwicklung einen wichtigen Hinweis gegeben. Warum sollte ein Familienunternehmen wie B. Braun dieses Thema dringend im Auge behalten?

Bei PwC bin ich als Wirtschaftsprüfer für viele Familienunternehmen tätig und verfolge deren Entwicklung sehr genau. Ein Unternehmen, das so konstante Wachstumsraten erzielt wie B. Braun, ist eher die Ausnahme. Im ständigen parallelen Aufbau von Mitarbeitern sehe ich aber eine Gefahr, da hier ein Kostenblock entsteht, der jedes Jahr um Lohn- und Gehaltsanpassungen weiterwächst, selbst wenn keine neuen Mitarbeiter eingestellt werden. Sollte da einmal das Umsatzwachstum ausbleiben, können schnell sehr unangenehme und schmerzliche Anpassungen notwendig werden.

Sie haben von einem Kostenblock gesprochen, sehen Sie denn die Mitarbeiter nur als Kostenfaktor?

Das sicher nicht – und gerade die großen Familienunternehmen wie B. Braun setzen zu Recht auf die Mitarbeiter als einen der zentralen Faktoren für den Unternehmenserfolg. Aber in Zeiten einer fortschreitenden Digitalisierung, deren Ende wir alle nicht absehen können, und in Zeiten von Disruption und rasanten Innovationszyklen sollten Unternehmen ein größtmögliches Maß an Flexibilität entwickeln. Die Zukunft von Unternehmen wird sich vermutlich daran entscheiden, wie agil und wie flexibel sie auf Veränderungen reagieren können und wie es ihnen gelingt, die Arbeit zu organisieren.

Wie beurteilen Sie die Maßnahmen, die wir bei B. Braun bereits umgesetzt haben und die in diesem Buch beschrieben werden?

Es ist immer sehr zu unterstützen, wenn Unternehmen erkannt haben: Wir müssen uns ständig an neuere Entwicklungen anpassen. Und das zur richtigen Zeit, eben nicht, wenn sie mit dem Rücken zur Wand stehen, denn dann ist es meist zu spät. Veränderungen sollten dann angegangen werden, wenn es dem Unternehmen gut geht. Dann können Ideen auch in Ruhe Schritt für Schritt getestet und umgesetzt werden. Deshalb sehe ich die Entwicklung bei B. Braun absolut positiv. Vor allem, dass Sie Ihre Organisationsstrukturen komplett auf den Prüfstand stellen und sogar vor dem Organigramm nicht zurückschrecken, macht Sie sicher zu einem Vorreiter unter den Familienunternehmen. Ich bin sehr gespannt, wie sich das Unternehmen mit Tasks & Teams entwickelt und, natürlich, wie sich Tasks & Teams weiterentwickelt. Eine solche Veränderung ist ja mit der Einführung nicht abgeschlossen, sondern muss im Spannungsfeld von »alt« und »neu« immer wieder evaluiert werden.

EIN GEDANKE, DER NICHT MEHR VERSCHWAND

Nach der Sitzung lief der Alltag für mich, Heinz-Walter Große, normal weiter. Noch ein weiteres Meeting, Telefonate, Gespräche, das Übliche. Aber was der Wirtschaftsprüfer gesagt hatte, ließ besonders mich nicht mehr los. Er, der unser Unternehmen schon lange kennt, hatte den Kern getroffen. Er hatte etwas ausgesprochen, was mich, die Mitarbeiter der Personalabteilung, was unser Unternehmen in der Folge sehr beschäftigen sollte. Vermutlich war diese Jahresabschlussbesprechung der entscheidende Wendepunkt. Denn rückblickend betrachtet hat sie vieles komplett verändert.

Die Worte des Wirtschaftsprüfers blieben mir im Kopf. Am Abend auf der Heimfahrt dachte ich intensiv darüber nach. Sind wir wirklich zu viele? Ist das dramatisch? Müssen wir weniger werden? Oder müssen wir nur nicht mehr werden? Und überhaupt: Wie soll das gehen? Nicht zuletzt beschäftigte mich auch der Gedanke, dass diese Entwicklung schon vor 50 Jahren kritisch gesehen wurde.

Auf jeden Fall hatte er ein Thema angesprochen, das im Vorstand schon immer zu ausgiebigen Diskussionen geführt hatte. Immer schon hatte es sich um die Frage gedreht, wie wir gerade in den Verwaltungsbereichen den ständigen Aufbau von Personal verhindern oder zumindest einschränken können.

WIR HATTEN VIELES GETAN

Und wir waren nicht untätig gewesen: Wir hatten vieles versucht, es hatte viele gemeinsame Absprachen gegeben, bis hin zum offiziellen Einstellungsstopp. Aber was wir auch gemacht, was wir auch versucht hatten, es hatte nie eine zufriedenstellende Wirkung gehabt. Wir sind immer mehr geworden. Es hatte weiteren Personalaufbau gegeben. Warum war das so? Warum die vielen guten Absichten – aber nie eine Wirkung?

Ich verpasste fast meine Ausfahrt, war tief in Gedanken versunken. Hinter mir hupte einer. Aber das nahm ich kaum wahr. Denn irgendwie passte es nicht zusammen. Eigentlich ist das doch eine schöne Nachricht: Es läuft gut, und wir werden immer mehr. Das ist im Grunde nichts, um sich Sorgen zu machen. Wir entlassen niemanden, wir sind ein zuverlässiger und beliebter Arbeitgeber in Nordhessen, wir sind erfolgreich und bieten in volatilen Zeiten Stabilität und Sicherheit. Wir haben herausragende Produkte, was wir herstellen, wird weltweit geschätzt und gekauft, die Nachfrage ist stabil. So weit, so gut.

Und um das klarzustellen: Ich schätze jede einzelne Mitarbeiterin, jeden einzelnen Mitarbeiter bei uns, ich freue mich über deren Engagement und Leistungsbereitschaft. Ohne unsere Mitarbeiter wären wir nicht da, wo wir heute sind.

Und mehr als 63 000 Mitarbeiter bei B. Braun, das ist ja auch eine stolze Zahl, die im Grunde ganz klar für das Unternehmen spricht, für den Erfolg, für das Wachstum. Die Parole: »Wir stellen ein!« – »We're hiring!« ist eine gute Botschaft an die Welt, eine Chiffre des Erfolgs.

Aber mir stellte sich an diesem Abend die Frage: Stimmt das denn? Ist das wirklich eine ausschließlich positive Botschaft?

In der Einfahrt blieb ich noch kurz im Wagen sitzen. Mir war klar, dass es um eine elementare Frage ging. Es ging nicht um ein einzelnes Produkt, um ein Problem in einer Abteilung, um die Neubesetzung einer Stelle im Ausland oder Ärger bei Zulieferern.

Nein, hier ging es um alles. Um Stabilität, um Wachstum, um die Zukunftsfähigkeit des Unternehmens. Die Anzeichen waren offensichtlich. Der Umsatz entwickelte sich gut, auf der anderen Seite mussten wir ständiges Wachstum erwirtschaften, damit wir die steigende Zahl an Mitarbeitern finanziert bekamen. Das kann ein Problem werden. Das war ein Problem.

Denn eine stetig anwachsende Belegschaft kann ein Unternehmen unbeweglich machen. Dabei gingen mir die Zahlen aus unserem letzten Personalbericht nicht aus dem Kopf. Wir führen dort einen Personalaufwand von 2,6 Milliarden Euro an. Hinzu kommt: Der Personalaufwand erhöht sich bei einer dreiprozentigen Anpassung um jährlich nahezu 80 Millionen Euro. Dazu kommen noch die Kosten für die Neueinstellungen von ebenfalls rund 80 Millionen Euro. Das macht für 2017 eine Gesamtkostensteigerung von 160 Millionen Euro.

Ich fragte mich selbst: Aber wir wollen doch auf keinen Mitarbeiter verzichten?

EIN GEDANKENSPIEL

Klar, es gab Lösungen, ziemlich drastische. Ich wagte ein Gedankenspiel, stellte mir vor, was wäre, wenn B. Braun an einen Finanzinvestor veräußert würde, an eine Private-Equity-Firma. Das hat hier keiner vor, dieses Gedankenspiel dient nur dem Vergleich. Denn sollte der Fall eintreten, gäbe es das Problem mit dem zusätzlichen Personal sehr schnell nicht mehr. Die Lösung wäre brutal, aber es wäre eine Lösung. Die neuen Eigentümer würden nicht lange fackeln, nicht lange in der Einfahrt parken und grübeln, so wie ich. Nein, eine Private-Equity-Firma, die würde rasch die Organisation verschlanken, Mitarbeiter entlassen und alle weniger profitablen Bereiche eliminieren, vor allem um bessere Kennzahlen einzufahren, und zwar schnell einzufahren. Das wäre deren Lösung.

Aber genau das wollten und wollen wir nicht. Das wäre nicht B. Braun. Das ist das Entscheidende: Uns ging es und geht es nicht darum, das Unternehmen radikal zu verschlanken. Wir alle sollten nur einen Beitrag leisten, um zu vermeiden, dass wir noch größer werden, dass sich die Etagen bei uns übermäßig weiter füllen. »Nur« ist gut. Denn insbesondere wenn es einem Unternehmen wirtschaftlich gut geht, sollte man weder die Bodenhaftung noch den Weitblick verlieren. Ich war gedanklich hin- und hergerissen.

Denn mehr Mitarbeiter bieten immer auch die Chance, neue Bereiche zu erschließen, neue Aufgaben zu bewältigen, sich breiter aufzustellen. Und nicht zuletzt spricht es ja auch für die Attraktivität von B. Braun als Arbeitgeber, wenn wir personell wachsen. Außerdem befinden wir uns in einem tiefgreifenden Wandel. Wir erleben gerade den Beginn der vierten industriellen

Revolution, viele Bereiche in Unternehmen verändern sich dramatisch, andere Bereiche fallen ganz weg, wieder andere hingegen kommen hinzu. Aufgaben ändern sich, es ist nicht abzusehen, was der digitale Wandel sowohl im positiven als auch im negativen Sinne noch alles »anrichtet«. Das ist bei uns nicht anders als in anderen Unternehmen. Aber was tun? Wahrscheinlich etwas Fundamentales. So viel war mir klar.

Es war dunkel geworden, ich stieg aus dem Auto, schloss ab und ging zur Haustür. Ich wusste noch nicht genau, was passieren würde, aber es würde etwas passieren. Es begann etwas Neues, das war deutlich zu spüren. Im Grunde war das, zumindest für mich, der gedankliche Ausgangspunkt. Ich war an der Stelle, an der man nicht mehr zurückgeht. Und wirklich, von da an haben wir uns auf den Weg gemacht und unsere Organisation neu gedacht und verändert sowie Führung und Zusammenarbeit neu gestaltet.

Und das Gestern verabschiedet.

DER WEG ZUM UMBAU

Wir haben bereits vor Jahren begonnen, neue Arbeitsmethoden konsequent umzusetzen. Denn uns war klar geworden: Die Dynamik und vor allem die Geschwindigkeit der Veränderungen in Unternehmen verlangen nach einem neuen Bewusstsein, verlangen nach, jawohl, jetzt kommt's, Agilität. Deswegen verzichten wir beispielsweise auf eigene feste Büros. Niemand bei uns hat ein eigenes Büro, auch nicht der Vorstandsvorsitzende. Wir haben also in manchen Bereichen schon seit 20 Jahren mehr Flexibilität im Arbeitsalltag und sind beweglicher geworden.

Aber, und das war ja das Ausgangsproblem, wir sind eben auch immer mehr geworden. Das ist mit Blick auf die Ertragslage des Unternehmens eine Herausforderung. Andererseits können wir nicht einfach sagen: Wir stellen niemand mehr ein und ignorieren die neuen Aufgaben einfach, die der Markt uns stellt, weil wir keine neuen Leute dafür haben. Und deshalb – ohne den Begriff »Agilität«, der schon stark strapaziert ist, über Gebühr weiter beanspruchen zu wollen – stellten sich uns die Fragen: Warum werden wir immer mehr, und wie lässt sich das vermeiden? Und wie bleiben wir flexibel und können rasch auf Veränderung reagieren – trotz Größe und Komplexität?

Dass der Vorstandsvorsitzende und die Personal- und Kommunikationschefin eines erfolgreichen Familienunternehmens mit der Frage ringen, woher die ganzen Leute im Betrieb kommen, mag auf den ersten Blick merkwürdig erscheinen. Auf den zweiten Blick geht es um ein zentrales Thema jedes Unternehmens: um Beweglichkeit. Und auch darum, wie wir ein attraktiver Arbeitgeber bleiben und unsere Führungskräfte und Mitarbeiter motivieren, die Veränderungen selbst zu gestalten, statt auf andere zu warten.

Aber im Grunde, wenn man tiefer bohrt, geht es um etwas, das nie angetastet wurde, daß die Zeiten überdauert hat, das schon immer da war. Nämlich das Bild eines Unternehmens als eine Anordnung von Kästchen. Es geht um das Organigramm.

WARUM WIR AUF KÄSTCHEN VERZICHTEN WOLLEN

Vor 40 Jahren habe ich bei B. Braun in Melsungen begonnen. Ich bin mit dieser Firma verwachsen, mit der Region, mit den Menschen. Die Arbeit für B. Braun ist ein wesentlicher Teil meines Lebens. Umso mehr habe ich einen guten Blick auf die Firma. Auch im Hinblick auf das, was wir vielleicht besser machen sollten.

Und immer wenn ich darüber nachdenke, gerade auch in Zeiten des Wandels, fällt mir eine Sache auf. Denn bei B. Braun hat sich in den vergangenen Jahrzehnten alles geändert, keine Produktion ist mehr so wie früher, kein Ablauf so wie in den 1970er Jahren. Das Geschäft ist internationaler geworden, Logistik, Mobilität, Kommunikation, ja das gesamte Arbeitsumfeld hat sich komplett geändert.

Das Einzige, wirklich das Einzige, das überlebt hat, das haargenau so erscheint wie vor 40 Jahren, ist ein kleines Firmendetail, das früher in den Geschäftsberichten steckte und das Sie heute auf den Webseiten der Firmen finden, das gerne gezeigt wird, das überall als Selbstverständlichkeit gesehen wird – und das ist das Organigramm. Nichts hat so lange Bestand wie das Organigramm. Das bei B. Braun im Wesentlichen vor 50 Jahren mit der Kienbaum-Studie so entstanden ist.

Sie werden sagen: Klar, man muss ja wissen, wie eine Firma aufgestellt ist. Das ist wichtig! Vor einiger Zeit war ich Gast bei einem sehr erfolgreichen deutschen Maschinenbau-Unternehmen und habe unsere Gastgeber gefragt: »Haben Sie eigentlich Organigramme?« Sie haben mich angeschaut, als ob ich sie gefragt hätte, ob morgens die Sonne aufgeht. Selbstverständlich hätten sie Organigramme, sagten sie, und: »Das hat doch jeder! Wollen Sie das etwa antasten?«

Aber vielleicht liegt genau da das Problem. Und vielleicht hält uns genau dieses allgegenwärtige Detail davon ab, wirklich agil zu handeln. Dieses Detail, das verantwortlich dafür ist, dass sich Organisationen aufblähen, dass Mitarbeiterzahlen stetig steigen, dass die Beweglichkeit leidet. Obwohl viele Dinge bereits zeitgemäß organisiert sind. Ich sage: Wir können die Krawatten aus- und Turnschuhe anziehen, wir können uns alle duzen, wir können Kaffee-Lounges und quietschbunte Kommunikationsräume aufbauen, Yoga-Etagen in den Firmenzentralen errichten und die Mitarbeiter frei über Arbeitszeit und Arbeitsort entscheiden lassen, weil man das jetzt eben so macht, weil es die vielen »Innovationsberater« und New-Work-Apologeten ständig behaupten.

Aber das wird alles weniger helfen, als wir glauben, wenn wir nicht bereit sind, uns von unseren lieb gewordenen Organigrammen zu verabschieden.

GESUNDES WACHSTUM?

Das Problem für Unternehmen ist, dass sich so ein Organigramm rasch aufstocken lässt, dass sich urplötzlich neue Abteilungen bilden, dass neue Kästchen im Organigramm auftauchen, aber keiner genau sagen kann, ob es tatsächlich auch mehr Arbeit geworden ist. Das ist der entscheidende Makel des Organigramms: Es will immer größer werden. Es sieht aus wie eine sachliche Anordnung von Kompetenzen. Aber dahinter steckt oft etwas Unkontrollierbares. Es wuchert. Es wächst aus sich heraus.

Wir erleben in Unternehmen, was Organigramme mit uns allen machen. Wir kennen die Ambitionen, wissen, wie schnell eine Funktion zu einer neuen Abteilung wird, wie schnell ein Kästchen hinzugefügt wird, wie schnell wir wieder eine/n Abteilungsleiter/-in, eine/n Hauptabteilungsleiter/-in haben.

Was früher Teil einer Abteilung war, kann morgen bereits eine neue Abteilung sein, die natürlich noch mehr Mitarbeiter benötigt.

Das Organigramm ist wie ein lebendiger Organismus. Mittels einer unternehmensinternen Zuständigkeits-Zellteilung entstehen ständig neue Zellen. Denn zu viele wollen ein Kästchen für sich, zu viele wollen Teil der

Verästelung sein. Und jedes Kästchen zieht eine neue Grenze – zu Kollegen, zu Themen und Verantwortlichkeiten. Statt Vernetzung gibt es Trennung, statt Effizienz nur Zuwachs. Und dann steht der Wirtschaftsprüfer vor einem und sagt: »Sie werden immer mehr!« Wie lange soll das noch gut gehen? Wenn die Mitarbeiterzahlen proportional zum Umsatz wachsen?

Bei mir hat der Prozess des Nachdenkens lange vor der erwähnten Vorstandssitzung begonnen. Organigramme und die ihnen innewohnenden Fehler beschäftigen mich seit langer Zeit. Es ist so etwas wie ein Lebensthema. Sie faszinieren mich einerseits, die Organigramme, andererseits erscheinen sie mir heute immer mehr als eine wesentliche Belastung eines Unternehmens.

Ich bin ganz ehrlich, ich habe von den Organigrammen profitiert. Als Vorstandsvorsitzender stehe ich sogar im obersten Kästchen des Organigramms.

Warum also sollte ich mich beschweren? Läuft doch.

SORTIERMASCHINE

Nun, da muss ich etwas ausholen. Schon als junger Soldat beeindruckten mich die hierarchischen Verästelungen. Wenn die Militärzeit beginnt, bist du nichts. Du bist ganz unten. Die Übergeordneten arbeiten sich an dir ab. Sie lassen dich jeden Tag spüren, dass du unter ihnen stehst. Der Ausweg ist die Hierarchie, die wohlgeordnete Hierarchie. Wer sich gut macht, wer wirklich will, kann aufsteigen und direkt vom Aufstieg profitieren.

Das habe ich ganz früh, mit Anfang zwanzig, erfahren, als ich erst Panzerschütze, dann Leutnant war. Da bemerkst du schnell die wohltuende Wirkung von Organigrammen. Wenn diejenigen, die dich vorher noch getriezt haben, die neuen Schulterklappen entdecken und dann grüßen müssen. Ob sie nun älter oder kräftiger sind. Ob sie es nun wahrhaben wollen oder nicht. Der Titel schiebt dich über die anderen – und du schickst ein Dankgebet an den Organigramm-Erfinder.

Denn das Organigramm hat dich ein ordentliches Stück nach oben geschoben, ganz sachlich, ganz korrekt. Organigramme nehmen das Persönliche heraus, sie strukturieren, es zählt nicht das »Gesetz der Straße« oder die rohe Kraft, sondern die Eignung, die Kompetenz, die sich schließlich in einem Kästchen widerspiegelt.

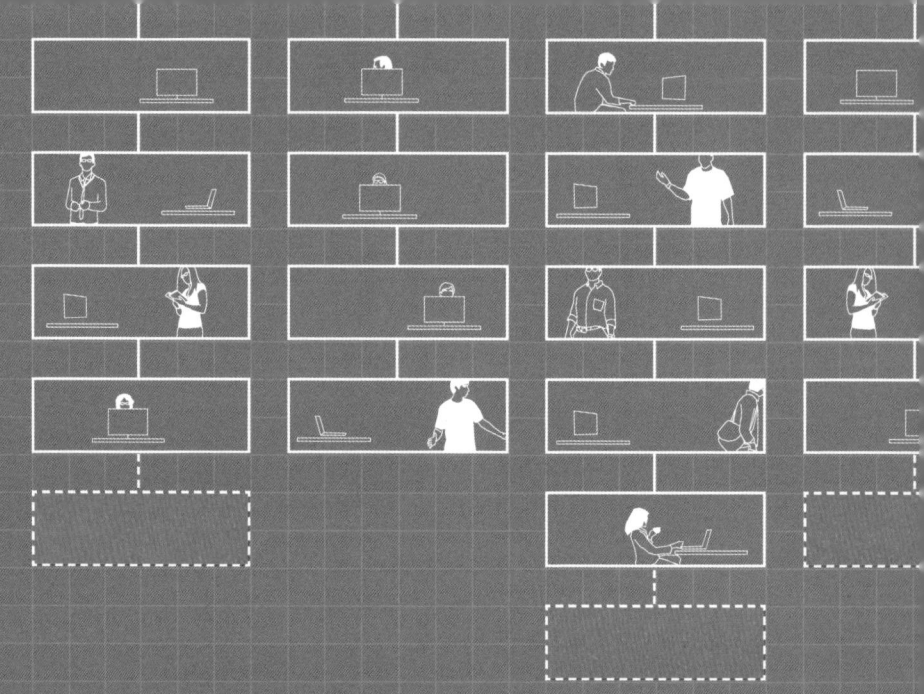

CHRONIK EINER PERMA-NENTEN ORGANIGRAMM-VERGRÖSSERUNG

Stufe 1a: Eine Aufgabe, zum Beispiel die Neuorganisation des *Talent Management*, wird in die Abteilung A gegeben. Abteilung A ist zuständig. In Abteilung A sitzen die Fachleute, die sich mit *Talent Management* auskennen.

Stufe 2a: Abteilung A hat das Know-how, fühlt sich derzeit aber »Oberkante Unterlippe«, absolut am Limit, hat keine Manpower. Außerdem haben sie in der Abteilung ohnehin festgestellt, dass *Talent Management* immer etwas an den Rand gedrängt wird, aber angesichts des Fachkräftemangels, des »War for Talents«, immer wichtiger wird. Die Gründung einer eigenen Abteilung *Talent Management* wird in Erwägung gezogen.

Stufe 3a: Die Abteilungsleiterin von A wird bei der Führungsebene vorstellig. *Talent Management* müsste eine eigene Abteilung werden.

Sie empfiehlt, intern oder extern jemanden zu suchen. Die Frage des Vorstands, ob für *Talent Management* nicht aus der Abteilung B ein paar Leute abgezogen werden können, um kurzfristig einzuspringen, wird entschieden verneint: Die sind nicht zuständig. Die müssten erst eingearbeitet werden. Außerdem wird der Abteilungsleiter von B nicht eingestehen, dass bei ihm Kollegen sitzen, die nichts zu tun haben und woanders einspringen könnten.

Stufe 4a: Ein/e Abteilungsleiter/-in *Talent Management* wird intern und extern gesucht. Allerdings ähnelt die Stellenanzeige anderen Stellenanzeigen bei Abteilung A, deshalb wird sie kreativ gestaltet und mit einem umfangreichen »Aufgabenbereich – Was Sie erwartet« ausgestattet.

Stufe 5a: Eine neue Abteilungsleiterin ist gefunden. Sie hat überzeugt. Sie nimmt die Stelle an und sucht sich zum Start zunächst zwei Mitarbeiter – zwei müssen es sein, mindestens, denn es wird ja eine neue Abteilung gebildet. Und *Talent Management* ist eine wichtige Aufgabe.

Stufe 6a: Im Nachtrag wird das Firmenorganigramm um ein Kästchen erweitert. Vermutlich hätte die Aufgabe durch eine sinnvolle Arbeitsorganisation weiter in Abteilung A verbleiben können, aber was soll's. Jetzt gibt es ein Kästchen, einen Titel und eine Abteilung mehr.

Stufe 1b: Eine Aufgabe, nämlich der Relaunch der Webpräsenz, wird in Abteilung B gegeben. Es stellt sich heraus, dass neben dem Webauftritt auch die Social-Media-Aktivitäten des Unternehmens enorm an Bedeutung gewonnen haben. So wie es aussieht, wird die Abteilung B diese umfangreiche Aufgabe alleine nicht stemmen können. Man zieht die Bildung einer neuen Stelle, oder besser noch die Gründung einer neuen Abteilung, zum Beispiel »Social-Media-Koordination«, in Erwägung.

Stufe 2b: Der Abteilungsleiter von Abteilung B wird beim Vorstand vorstellig ...

to be continued ...

(Wie der Prozess bei uns heute aussieht, zeigen wir Ihnen weiter unten im Kapitel »Tasks & Teams in der Anwendung«.)

Und ganz ehrlich, im militärischen Bereich ist die konsequente hierarchische Struktur völlig einleuchtend. Ich könnte mir hier keine wirklich wirksame Alternative vorstellen. Aber gilt dies auch für die Unternehmensorganisation? Ich bin überzeugt – nein.

SOLL ICH DEN WEG FREISCHIESSEN?

Organigramme weisen den Weg nach oben. Sie können dir aber auch den Weg nach oben verbauen. Ich verbinde eine Reihe von Erlebnissen mit Organigrammen. In guter Erinnerung ist mir bis heute ein Gespräch mit einem Vorgesetzten geblieben, das war vor vielen Jahren. Ich bat um einen Termin, wollte mich mit ihm unterhalten, wollte wissen, ob er mit meiner Arbeit zufrieden sei. Irgendwann kamen wir darauf, ob und wie ich mehr Verantwortung im Unternehmen übernehmen könne. Und das war mir wichtig, es ging nicht darum, »Karriere zu machen«, sondern darum, mehr Verantwortung zu übernehmen. Es war ein sehr offenes Gespräch, von dem mir bis heute vor allem ein Satz in Erinnerung geblieben ist: »Sehen Sie, Herr Große, Sie müssen doch einsehen, alle wichtigen Positionen sind heute im Wesentlichen mit jungen Mitarbeitern besetzt, und ich kann Ihnen doch den Weg nach oben nicht einfach freischießen.« Was martialisch, aber plausibel klang.

Ohne dass ich das damals so reflektiert habe, war dies doch eine deutliche Bezugnahme auf die Regeln von Organigrammen. Die wichtigste lautet dabei: Es müssen Stellen frei werden, damit man sich nach oben bewegen kann, sonst hängt man dort fest, wo man im Moment steht.

Wobei Organigramme sich bei Stellenbesetzungen urplötzlich vergrößern können. Das ist das andere Phänomen. Ein Beispiel: Eine Kollegin erwartete ein Kind, sie ging in den Mutterschutz. Die Abteilungsleitung hat sich sehr mit ihr gefreut und suchte eine Möglichkeit, sie in den kommenden zwei Jahren vertreten zu lassen. Der Zufall wollte es, dass aus der Abteilung noch jemand länger krank wurde, also noch eine weitere Stelle vorübergehend besetzt werden musste. Eine Routinesache. Oder?

Denkste! Ganz so einfach wurde die Sache nicht.

Denn dem Vorstand leuchtete die Neubesetzung nicht ohne weiteres ein. Er argumentierte, man könne doch von einer anderen Abteilung jemand hinzuziehen oder die Aufgaben innerhalb der Abteilung verteilen.

Aber das geht nicht so einfach in der Organigramm-Welt. Einer Welt, die nach Zuständigkeiten sortiert ist, wo man nicht mal eben die Abteilung wechselt oder eine andere Aufgabe übernimmt, wo alles schon seine Ordnung hat. Wo man nicht einfach sein Kästchen verlässt.

Und so wurden die Stellen neu besetzt. Die Alternative wäre gewesen, flexibel kurzfristig Aufgaben zu verteilen, nicht um die Kollegen mit Mehrarbeit zuzuschütten, sondern um Arbeit anders, effizienter zu organisieren. Doch das war nicht möglich. Blockiert hat es das Organigramm.

WAS ZUSAMMENARBEIT BEHINDERT

In mir, Bernadette Tillmanns-Estorf, liegt nichts Destruktives, Zerstörerisches. Das passt nicht zu meinem Wesen. Im Arbeitsalltag habe ich eher die Tendenz, erst mal das anzunehmen, was da ist, und es in neue Richtungen zu führen, zu gestalten und zu verändern. Und wenn ich von etwas überzeugt bin, nehme ich dabei auch Widerstände in Kauf, kämpfe und überzeuge. Gestalten geht aber nur, wenn Bewährtes und Gutes da sind. Wenn das nicht der Fall ist, muss man andere Wege gehen. So wie bei der Sprengung des Organigramms. Dazu braucht man Mut, Überzeugungskraft und Verbündete.

Das Umfeld bei B. Braun ist im Grunde ideal. Wir sind ein Familienunternehmen, in dem Werte mehr sind als nur theoretisches Gerede. Wir haben eine starke Kultur der Gemeinschaft, eine hohe Wertschätzung für unsere Mitarbeiter und wissen, dass es ihre Ideen sind, die den Erfolg des Unternehmens ausmachen. Da einfach hinzugehen und etwas zu zerstören, das wäre mir bei diesem Unternehmen nicht in den Sinn gekommen. Und doch gibt es vermeintliche Kleinigkeiten, die wir angehen mussten, weil sie ein Problem waren.

Und diese Kleinigkeiten hatten etwas mit der Arbeitsorganisation zu tun. Sie hatten etwas mit Hierarchien, mit Zuständigkeiten, mit Macht und Bereichszuordnungen, mit Abschottungen und Stillstand zu tun. Das war nicht richtig ausbalanciert. Es war kein Fehler im B. Braun-System, sondern hatte sich über Jahrzehnte an vielen Stellen eingeschlichen. Es war etwas, auf das ich im Laufe meines Berufslebens immer und immer wieder gestoßen bin – und das nicht nur bei B. Braun, sondern auch an anderen Stellen. In anderen Unternehmen, Verbänden, Organisationen. Dieses Etwas führt zu

Starrheit und Unbeweglichkeit. Es erstickt neue Gedanken im Keim. Weil sie in keine Box passen.

Als ich neben der Leitung der globalen Kommunikation den Bereich Corporate Human Resources (CHR) und damit die Zuständigkeit für das internationale Personalmanagement übernahm, da war mir klar: Nie war der Zeitpunkt für ein Handeln so günstig wie jetzt. Und anfangen mussten wir bei uns selbst. Denn Beispiele für Macht und Abschottung erlebten wir genug. Und die hemmen Kreativität, Austausch und Entwicklung. Und sie hängen alle mit dem Organigramm zusammen. Das Organigramm ist sozusagen die Wurzel allen Übels.

ABSCHOTTUNG

Einmal stand eine Mitarbeiterin aus dem Bereich Corporate Human Resources vor mir. Sie hatte lange an einem Konzept gearbeitet. Nun legte sie es mir vor, verwies auf eine Präsentation und sagte: »Hier, das ist mein Ansatz. Das Budget hat gerade so gereicht. Nächste Woche können wir die Präsentation den Führungskräften vorstellen.« Sie schaute mich erwartungsvoll an. Und in der Tat, auf den ersten Blick erschien alles schlüssig, wenn auch nicht neu. Aber auf meine Frage, wie sie denn die Perspektive der Kunden integriert habe, mit welchen Kollegen aus dem Bereich Corporate Human Resources und mit welchen Ländervertretern und/oder mit welchen Repräsentanten der einzelnen B. Braun-Sparten sie das Konzept diskutiert habe, antwortete sie: »Das ist doch mein Zuständigkeitsbereich, warum sollte ich denn da mit jemandem diskutieren?« Das sagte sie mit tiefer Überzeugung. Wer zuständig ist, braucht keine anderen Meinungen, weder von denen, die es später betrifft, noch von direkten Kollegen, die ja auch noch eine gute Idee haben könnten. Das war ihre Haltung. Einen Zweifel an dieser Scheuklappen-Politik schien es nicht zu geben.

FREIGABE

Ein anderes Beispiel aus unserem Haus: Ein Kollege sprach einmal sehr ernst zu seiner Abteilungsleiterin: »Es wäre mir wichtig, dass wir die Regeln unserer Zusammenarbeit definieren.« Die Abteilungsleiterin nickte, das klang gut. Sie war noch neu im Bereich und wollte sich offen zeigen für

Vorschläge. Er sprach weiter, sehr ernst und bestimmt: »Wenn Sie einverstanden sind, würde ich Ihnen meine E-Mail-Entwürfe immer zwei Tage vor Versand zusenden, damit Sie diese prüfen und freigeben können. Und wenn ich Themen für die Bereichsbesprechung habe, würde ich vorab einen Termin mit Ihnen vereinbaren, damit wir uns abstimmen und politische Hürden vorab besprechen können.« Die Abteilungsleiterin war sprachlos. Offenbar war sie mit ihrer neuen Aufgabe in einer für sie fremden Welt gelandet. Der Mitarbeiter wollte, dass sie seine E-Mails prüft, dass sie diese freigibt (E-Mails freigeben!). Und dann sollte sie ihm offenbar vorgeben, wie er sich positionieren sollte. Das klang für die Führungskraft alles sehr unfrei, sehr hierarchisch und auch sehr traurig. Hatte er denn keine Meinung? Keine Haltung, die er auch vertreten wollte? Musste er tatsächlich seine Meinung mit der Führungskraft abstimmen? Sie war geschockt.

Aber das sind eben die Auswüchse der Organigramm-Gläubigkeit: Wer im Organigramm über mir steht, darf auch entscheiden, wie ich meine E-Mails formuliere und was ich im Meeting sagen soll. Und er soll auch meine Meinung vorgeben. Mir die Entscheidung abnehmen. Vorflüstern, vorsagen. Das ist alles so weit entfernt von offener Zusammenarbeit, von Zusammenarbeit auf Augenhöhe, weit entfernt von Wertschätzung, von Transparenz. Und auch von Vertrauen. Man vertraut sich selbst nicht, man vertraut nur darauf, dass der Mensch, der im Organigramm über einem ist, das Richtige macht.

FLASCHENHALS

Wie Organigramme Abläufe behindern, will ich in meinem letzten Beispiel zeigen. Vor vielen Jahren traf ich eine Kollegin zufällig im Parkhaus. Sie kam auf mich zu und fragte, wie mir ihr Konzept für ein anstehendes Führungskräfte-Event gefalle. »Ich habe es vor zwei Wochen schon an meinen Vorgesetzten gegeben mit der Bitte um Prüfung und Weiterleitung an Sie«, sagte die Kollegin. »Leider musste ich das ganz alleine entwickeln. Eigentlich hätte ja der Kollege N. gerne daran gearbeitet, aber der ist ja leider im Team von Frau Z. und wurde von seinem Chef nicht freigestellt, obwohl er darum gebeten hatte.«

Und da war es wieder, dieses Phänomen: Die Führungskraft als die alleinig verantwortliche Führungsinstanz. Ein einsamer Mitarbeiter, der einen Sparringspartner sucht – und nicht findet. Und die Führungskraft in jener altbewährten Funktion, die Themen zuteilt und viele Stunden, ja Tage und Wochen in Abstimmungsmeetings verbringt, um Dinge auf den Weg zu bringen oder auch nicht. Die Führungskraft als der ewige Flaschenhals, der immer die letzte Instanz ist – und bei dem es lange dauern kann, bis eine Entscheidungsvorlage bei der Bereichsleitung liegt, welche dann auch alle Vorlagen nacheinander abarbeitet und nicht selten noch Informationen benötigt. Die auch wieder Zeit brauchen, bis sie vorliegen – eben weil so viele Entscheidungen bei den Führungskräften Schlange stehen. Und weil der Flaschenhals nicht selten verstopft ist. Aber man macht es, weil man es immer so gemacht hat.

Da ist dieses hierarchische Denken, da sind die Kästchen im Kopf, die Organigramme, über Jahrzehnte gelernt, verinnerlicht. Das sind Strukturen, die jedem in Fleisch und Blut übergegangen sind. Getragen vom unverbrüchlichen Gedanken: Ich arbeite für den, der im Kästchen über mir steht.

Die Frage ist: Müsste ein Unternehmen seine Führungskräfte und auch Mitarbeiter nicht ganz anders nutzen und einsetzen? Müsste man nicht endlich mal diese Starrheit aufbrechen? Endlich mal ein paar dieser Konventionen entsorgen, um auch Raum zu schaffen für Entfaltung und die besten Ideen, die in divers besetzten Teams entstehen können? Wie viele Impulse, aber eben auch wie viel Leidenschaft geht uns verloren, wenn wir an diesem alten Denken festhalten?

ABSCHIEDSSCHMERZ

Wenn Sie wirklich etwas verändern wollen, müssen Sie Hand an den Bauplan eines Unternehmens legen. Denn genau an den Stellen, an denen die wenigsten eine Veränderungsnotwendigkeit vermuten, ist sie häufig am größten. Wer verändern will, muss da ansetzen, wo es wehtut. Sitzkissen, Stellwände mit vielfarbigen Post-its und eine Ecke für das Lego-Bauen, das sind sehr gute Ergänzungen für die Arbeitsumgebung, die ein gutes Gefühl geben und sicher auch die Bereitschaft zur Innovation fördern. Aber sie sind nur Ergänzungen, reichen nicht aus. Die Veränderungen sind am wirkungsvollsten (und am erfolgreichsten), die auch mal wehtun.

Und der Abschied vom alten Organigramm, der schmerzt. Er trifft jeden, der auf dem Organigramm weiter oben steht, ganz tief in der Seele. Und jeden, der an die Macht des Organigramms und an seinen Sinn glaubt.

Nach einigen Jahren im Unternehmen ist es schon ein besonderes Erlebnis, in einem Organigramm mit einem eigenen Kästchen aufzutauchen, mit Namen und Funktion im unternehmenseigenen Hierarchiestammbaum vertreten zu sein. Man ist wer, wenn man Teil des Organigramms ist.

Es lässt sich daran ja auch gut ablesen, wie kurz die Wege nach ganz oben sind, wie weit schon der Abstand zu den unteren Kästchen ist und, vor allem, wie groß die Zahl der Pfeile ist, die auf einen selbst zeigen, also wie viele Menschen oder Bewohner der unteren Kästchen einem Bericht erstatten müssen. Das hat alles mit Status zu tun, mit Ansehen, mit persönlichem Erfolg. Und ja, auch mit Macht.

Organigramme sortieren Zuständigkeiten und Verantwortlichkeiten. Organigramme organisieren Abteilungen, Bereiche, Referate. Sie sind ein absolut sauberes Ordnungssystem, mit leicht nachvollziehbaren Kommunikationswegen. Wer hat wem was zu sagen. Einfacher geht es nicht. Das gibt Sicherheit. Und das mag einer der wichtigsten Gründe für das Festhalten an Organigrammen sein. Sie geben Sicherheit. Sie sind ein sicheres Gefüge. Und ein unbewegliches Gefüge.

ICH-DENKEN

Organigramme stehen nicht für Agilität. Organigramme stehen für Machtstreben, Statusdenken, starre Hierarchien – für eine überbordende Zahl an Funktionen und Funktionsträgern. Und vor allem stehen sie für ein ausgeprägtes Ich-Denken. Aber wer braucht heute Menschen, die 25-mal am Tag »Ich« sagen? Wir brauchen Mitarbeiter, die »Wir« sagen. Und die die Fähigkeit besitzen, sich zurücknehmen zu können.

Wenn jeder nur an sein Kästchen denkt, denkt kaum einer ans Unternehmen. Das kann nicht Ziel einer modernen Arbeitsorganisation sein. Außerdem stehen wegen des digitalen Wandels viele Abläufe und Prozesse ohnehin zur Disposition. Die neue Technologie erwartet Beweglichkeit. Deshalb müssen wir heute vor allem die Aufgabenverteilung organisieren, nicht Titel und Posten.

Sie kennen sicher das Problem, dass kaum eine Führungskraft alle Anforderungen erfüllt. Die einen sind fachlich ausgezeichnet, sie wissen alles, was man in ihrem Bereich wissen muss, es fehlt ihnen aber an Empathie, um Menschen zu führen, an der Fähigkeit, auf andere zuzugehen, andere zu motivieren. Andere sind großartige Motivatoren, sind sehr kreativ, haben aber kein Talent für administrative Aufgaben, sind überfordert mit Papier und Bürokratie. Im Organigramm steht davon nichts. Organigramme sind starr. Und lassen vielen nicht die Chance, ihre wahren Stärken zu zeigen.

In einer kollegialen Führungsstruktur hingegen, bei der es nicht mehr darum geht, wer über wem steht, können die Stärken jedes Einzelnen zum Tragen kommen.

VERSTECKEN IN ORGANIGRAMMEN

Inzwischen sind wir felsenfest davon überzeugt, dass sich mangelnde Flexibilität in einem Unternehmen im Beharren auf dem Organigramm zeigt. Und dass wir beide, die ja durchaus von Organigrammen profitieren, sagen »Weg damit«, zeigt: Uns ist es ernst. Es muss sein. Es muss sein, auch wenn wir selbst dann ebenfalls anders arbeiten werden. Vielleicht gerade, weil wir dann auch anders arbeiten können. Sicher ist: Wenn wir nicht Hand an die Kästchen legen, ist jede Veränderung nur Fassade.

Heute kommt es mehr denn je darauf an, Kompetenzen zu vernetzen, Mitarbeitern mehr Entfaltungsmöglichkeit zu bieten und kreatives Potenzial zu heben. Organigramme sind aber oft das Gegenteil von Entfaltung. Sie sind eher der Weg, andere zusammenzufalten. Und ob einer kreativ ist, neu denkt, agil ist, zeigt kein einziges Organigramm.

Man kann sich gut in einem Organigramm verstecken. Man kann darin auch sein Unvermögen gut tarnen. Dort kommt es nicht darauf an, wie viele Impulse von einem ausgehen, wie teamfähig man ist – man steht im Organigramm, man hat seinen Titel, man gehört dazu. Und man gehört ja schon lange dazu. Man ist Teil dieses Ganzen. Vielen reicht das. Für viele war genau das das Ziel.

Die Frage ist nur: Wie gut wird ein Unternehmen tatsächlich von einem Organigramm abgebildet? Wo entdeckt man die wahren Talente eines Unternehmens? Durch was verbessert sich die Arbeitsatmosphäre, die Zusammenarbeit innerhalb der Belegschaft? Und wie kann ein Unternehmen ökonomisch erfolgreicher werden ohne die heute gängige Form der Organigramme?

Sicher ist: Durch ein Organigramm verbessert sich nur der Status der Wenigen, durch Organigramme wird das Machtstreben befriedigt. Und solange wir die Möglichkeit einräumen, das Organigramm aufzublähen, stehen wir uns als Unternehmen selbst im Weg.

SCHLUSS DAMIT

Was sollten wir also tun? Wir konnten ja nicht einfach weiterhin sagen: »Stellen wir halt keine Leute mehr ein!« Das konnte nicht die alleinige Lösung sein. Das hatte uns die Vergangenheit gezeigt. Wenn es wieder nur geheißen hätte, bei B. Braun gibt es einen Einstellungsstopp, hätten wir uns mit vielen Fragen, vielen Gerüchten konfrontiert gesehen. So ein Einstellungsstopp ist ein negatives Signal nach außen.

Aber wie halten wir die Belegschaft dann im Rahmen? Wie vermeiden wir, dass im Zuge einer unternehmensinternen Zuständigkeits-Zellteilung ständig neue Zellen entstehen?

Indem wir uns vom heutigen Organigramm verabschieden. Es muss verändert werden. Wir wollten einen radikalen Schnitt, um das aufzulösen, was unauflösbar scheint. Es musste diesen symbolischen Knall geben, der das Ende der Organigramme einleitet. Deshalb wollten wir Sprengladungen verteilen. Deshalb wollten wir das Organigramm sprengen.

ORGANIGRAMME REGELN

› die Arbeitsteilung im Unternehmen,
› den beruflichen Aufstieg,
› den betrieblichen Entscheidungsprozess,
› die Zuständigkeiten in einem immer komplexeren Umfeld.

ORGANIGRAMME FÜHREN

› zu starrer Arbeitsteilung – hierdurch verhindern sie flexible und abteilungsübergreifende Zusammenarbeit,
› zu Frustrationen bei Beschäftigten, weil Karrierewege nach oben zugebaut werden,
› zu Einzelentscheidungen – sie fördern nicht die Entwicklung der besten Lösung eines Problems im Team,
› zu Rivalität zwischen Funktionen,
› zum Aufblähen der Organisation durch die Einrichtung neuer Stellen.

DIE SPRENGUNG

Wir beide sind keine geborenen Sprengmeister. Aber wir beide sind zu dem Schluss gekommen: Wenn wir etwas verändern wollen, können wir es nicht in Watte packen. Einen Umbau der Arbeitsorganisation können wir nicht mit einer Rundmail erledigen, das müssen wir sichtbarer und auch lauter machen.

Das also war die Lösung. Es sollte kein sanfter Abschied werden. Da wollten wir ganz radikal sein. Weg damit. Denn das Organigramm taugt nicht mehr, es ist unnütz, es belastet, und es verführt. Deshalb bereiteten wir die Sprengung des Organigramms vor. Es stand uns einfach im Weg. Zu diesem Schluss sind wir beide schließlich gekommen.

Organigramme haben immer Mauern aufgebaut. Mauern zwischen den Abteilungen. Mauern zwischen Menschen. Sonst könnte ja jeder Zugriff auf das von einem selbst eroberte Organigramm-Kästchen haben.

Deshalb: Mauern weg, Organigramm weg – und deshalb unser Entschluss: Sprengen wir das Organigramm!

Und was jetzt passiert, wissen Sie schon ...

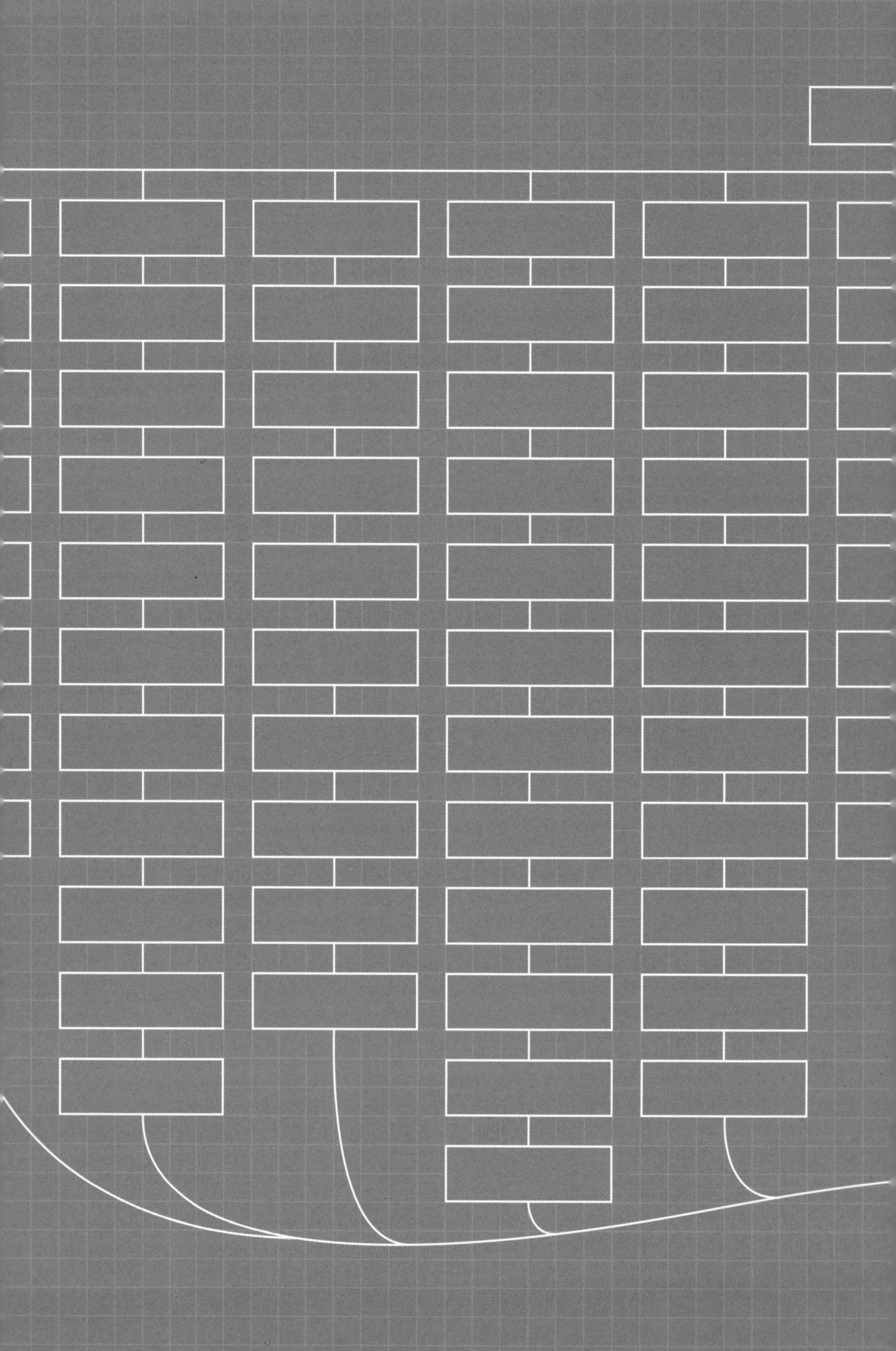

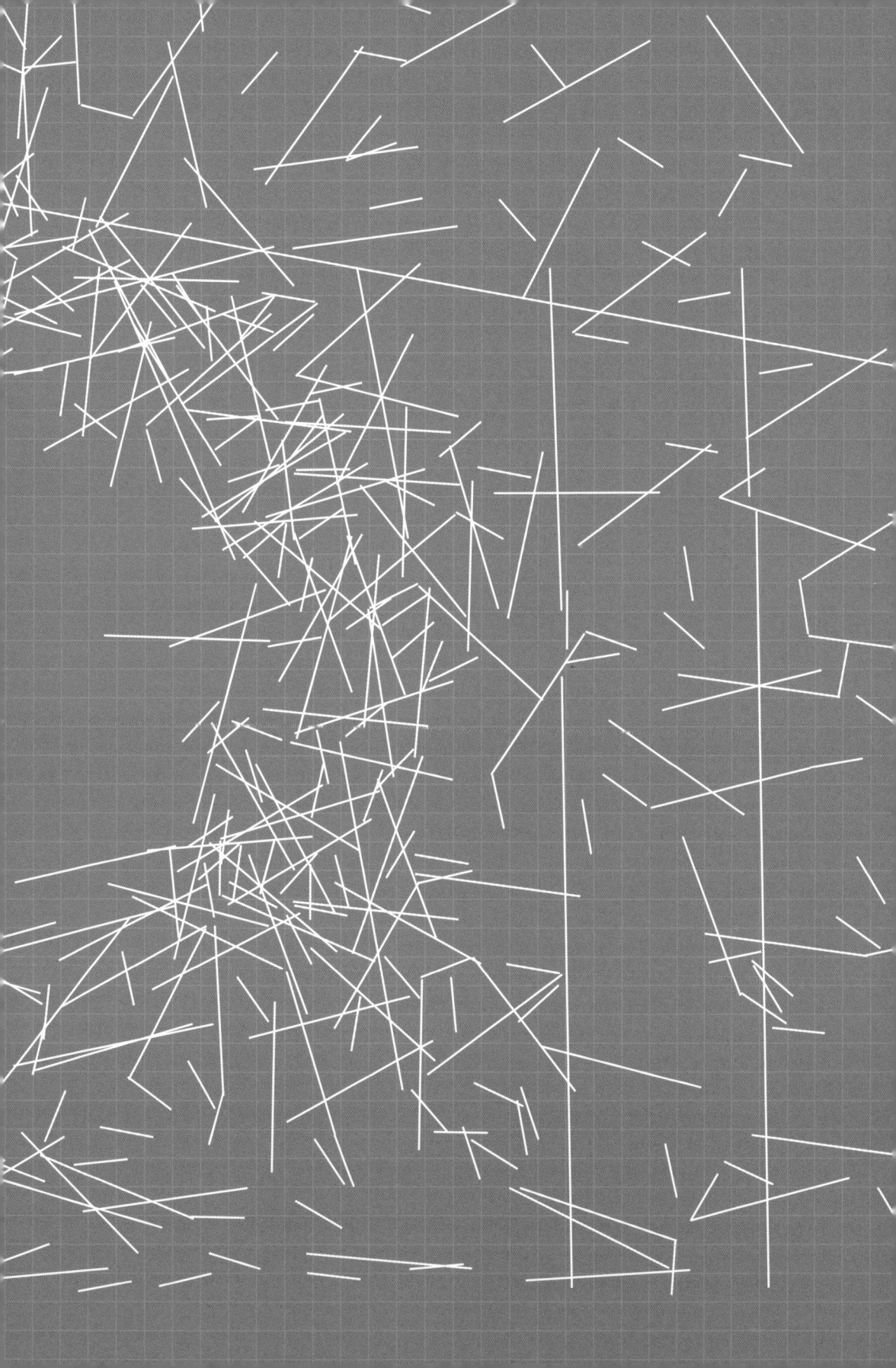

UND NUN?

Für viele galt das Organigramm als unzerstörbar. Sie haben abgewunken: »Was wollt ihr? Das Organigramm sprengen? Niemals! Das schafft ihr nie!« Selbst erfahrene Sprengmeister runzelten die Stirn: »Alles, wirklich alles können wir sprengen, aber nicht ein Organigramm.« Doch nun ist es geschehen.

Und nun blicken alle gebannt auf das Trümmerfeld. Da liegen sie, die Trümmer des Organigramms. Die Trümmer der vielen präzise geformten Kästchen und Zuordnungen. Das war mal ein Organigramm. Ein richtiges handfestes Unternehmensorganigramm. Sauber und detailliert ausgetüftelt. Exakt gezeichnet, fein justiert. Mit Abteilungen, Bereichszuordnungen, akribisch verästelt, über Jahre gewachsen, über Jahre groß und größer geworden.

Ein paar Reste von Kästchen sind zu erkennen, ein »Hauptabteilungsleiter«-Schild ist zu sehen, da hinten liegt ein »Vice President«-Kästchen, und direkt vor uns sind lediglich noch ein paar Buchstaben zu lesen: »V....andsvorsitz..der«.

Doch was nun? Das Organigramm ist gesprengt – und jetzt bauen wir etwas Neues, Besseres. Das beginnt mit Feinarbeit. Ausgehend von der Frage »Was kommt nach der Sprengung?«, machen wir uns im nächsten Teil des Buchs zunächst auf die Suche nach den verbliebenen Einzelteilen. Was von den Trümmern wollen wir behalten? Was wollen wir eventuell renovieren und modifizieren? Auf was können wir in Zukunft getrost verzichten? Und dann klären wir die entscheidenden Fragen: Wie arbeiten wir besser ohne Organigramm? Wie sieht die neue Struktur aus? Wie organisieren wir zukünftig unsere Zusammenarbeit? Und was ist künftig überhaupt ein Chef?

SICHTUNG

WIE
WIR PRÜFEN,
WAS ERHALTENS-
WERT IST – UND
WAS NICHT

AUFERSTANDEN AUS RUINEN – WAS VON DEN TRÜMMERN ÜBRIG BLEIBT

Die Sprengung ist geglückt. Jetzt liegen sie herum, die Trümmerteile. Unsortiert. Der letzte Staub legt sich, Ruhe ist eingekehrt. Die Zuschauer sind gegangen, sie haben ihr Spektakel gehabt. Mehr muss nicht sein. Das Organigramm liegt in Schutt und Asche. Die Sprengung war erfolgreich. Die Trümmer liegen in der Mitte. Bald kommen die Bagger, bringen weg, was nicht mehr zu gebrauchen ist.

Das ist genau der richtige Moment. Jetzt bleibt noch Zeit, zu schauen, was noch zu gebrauchen ist. Wir nähern uns dem Trümmerfeld. Wir wollen nicht alles wegwischen. Nicht alles soll endgelagert, wegtransportiert werden. Denn wir sind ziemlich sicher, dass ein paar Sachen noch zu gebrauchen sind. Aus Trümmern kann etwas Neues entstehen. Manches lässt sich vielleicht an anderer Stelle verwenden. Vielleicht lässt sich manches auch, neu zusammengesetzt, in eine neue Ordnung bringen.

Denn wir haben zwar das Organigramm als Gesamtes gesprengt, wir haben uns der starren Organisation entledigt.

Aber: Es ist nicht auszuschließen, ja es ist fast sicher, dass einzelne Trümmerteile noch benötigt werden. Wichtig ist, die zu finden, die uns auch künftig weiterhelfen. Wir haben die alte Kästchen-Form in die Luft gejagt, wir haben uns von dieser Organisationsform verabschiedet, aber nicht von der Arbeitsorganisation generell. Und schon gar nicht von der Arbeit.

Was also ist noch zu gebrauchen? Schauen wir hin!

ERSTES TRÜMMERTEIL: »ENTSCHEIDUNGEN«

Auch in einer Welt ohne Organigramme müssen Entscheidungen getroffen werden. Es kann nicht alles im Ungefähren bleiben. Kein Unternehmen kann sich darauf verlassen, dass es irgendwie schon geht. Entscheidungen müssen her, ganz klar. Aber wie?

In der Welt der Organigramme war das klar: Wer oben steht, entscheidet. Alles, was bestimmt werden musste, war eine Frage des Kästchens. Je weiter oben das Kästchen, desto weitgreifender die Entscheidungen. Das war bequem für alle, die sich in den Kästchen weiter unter befanden. Ihnen wurden die Entscheidungen abgenommen. Die Kompetenz zum Verordnen hatte allein die jeweilige Führungskraft.

Hier liegt er vor uns, der Trümmer »Entscheidungen«. Was hat diesen Trümmerteil bisher ausgezeichnet? Nun, Entscheidungen, das war nicht nur eng verknüpft mit der Kästchen-Stellung. Mit Entscheidungen verband und verbindet man immer auch »Weitblick«, »Strategie«, auch ein wenig »Weisheit« und »Geschick«, und ja, auch mal die »harte Hand«, die durchgreifen kann, und das »Machtwort«, dass einer mal mit der Faust auf den Tisch hauen kann, auch das versteht man unter »Entscheidungsstärke«. Auch das muss eine Führungskraft können.

Ohnehin ist das ein Wesenszug der Organigramm-Welt. Führung ist auf eine Person konzentriert. Entscheidungen muss eine, muss einer treffen. Jemand, der oder die oben steht. Das führt dazu, dass Entscheidungen manchmal diejenigen, die davon betroffen sind, richtig überraschen. Weil sie zuvor nicht gehört wurden. Und es hat zur Folge, dass Entscheidungen auch dauern können, richtig lange mitunter. Was entschieden werden muss, sammelt sich, es stapelt sich auf dem Schreibtisch der Führungskraft, die klassische Trichter-Situation. Alles muss da durch, es gibt eben nur diese eine Person, die eine Entscheidung treffen darf und kann. Wobei »können« im Sinne von »berechtigt zu« verstehen ist, berechtigt qua Organigramm.

Der Vorstellung der alten Welt entsprach es, dass ein Mensch, eine Person in der Lage war, eine Sache, ein Problem fachlich, strategisch, emotional exakt beurteilen zu können und schließlich zu einer Entscheidung zu gelangen. Einer allein. »Es muss einer eine Entscheidung treffen.« – Ja, schon. Wir benötigen weiterhin Entscheidungen. Aber der Weg dahin, der muss ein anderer werden.

Die Vorstellung ist: Oben steht immer eine Person. Wenn man dagegen die im Aktiengesetz für den Vorstand vorgegebene Führungsstruktur vergleicht, sieht man, dass genau da ein ganz anderes, nämlich ein »kollegiales« Modell vorgesehen ist. Mehrere gleichberechtigte Vorstände entscheiden »gemeinsam«, und es gilt hier das Mehrheitsprinzip.

Wenn man bei B. Braun die Entscheidungen des Vorstands betrachtet, dann wird dort viel besprochen, diskutiert, manchmal auch ganz heftig diskutiert. Aber dort werden gemeinsame Entscheidungen getroffen, vor allem – und das ist wichtig – nach einem bewusst gewählten Entscheidungsprinzip.

Die Frage ist: Sind solche Führungsmodelle nicht auch für einzelne Abteilungen oder Bereiche denkbar? Können nicht beispielsweise zwei oder drei Personen eine Abteilung gemeinsam führen? Und ist es nicht denkbar, genau zu überlegen, wer für eine Entscheidung überhaupt gebraucht wird und wie entschieden wird?

Bisher gelten solche Modelle der Führung und Entscheidungsfindung immer noch als schwer umsetzbar. Dennoch sollten wir darüber nachdenken.

Hier kommt ein weiterer Aspekt zum Tragen: Wir sollen und wollen Frauen in Führungspositionen fördern. Oft fehlt aber eine geeignete Stelle, wenn Frauen, aus dem Mutterschutz oder der Elternzeit kommend, in einer Teilzeitführungsposition eingesetzt werden wollen. Wir haben bei B. Braun ein zukunftsgerichtetes Teilzeit- und Entlohnungssystem für Mitarbeiterinnen, die aus dem Mutterschutz oder der Elternzeit zurückkommen. Die Arbeitszeit kann praktisch total flexibel gewählt werden, und wir zahlen beispielsweise für eine Teilzeitstelle mit 50 Prozent Arbeitszeit 65 Prozent des Gehalts.

Oft fehlen aber die geeigneten Stellen. Insbesondere wenn es um Führungsaufgaben geht. Häufig lautet hier die Antwort der Vorgesetzten: Dann muss die Mitarbeiterin eben zu 100 Prozent zurückkommen. Ein anderes Verständnis der Führung einer Abteilung, eines Bereichs könnte hier helfen: Besetzen wir einfach die Führungsaufgabe mit 1,5 Personen, und die halbe Stelle wird dann von einer Frau oder einem Mann übernommen, die oder der genau das in der gegenwärtigen Lebenssituation so will.

ZUSAMMENSPIEL DER VIELEN

Wir müssen Entscheidungen treffen, ohne das geht es nicht. Polieren wir also diesen Trümmer. Sicher ist: Wir müssen ihn neu einordnen. Es braucht neue Kompetenzen. Die weisen, einsamen Entscheidungswege, die klappen nicht mehr. Eine Führungskraft ist längst nicht mehr der unnahbare Entscheider, der sich in seinem Eckbüro verschanzt und Befehle erteilt. Die Welt wandelt sich rasend, die Problemstellungen sind komplex. Das Tempo rasend. Es gibt kein Ausruhen, kein Verschnaufen. Da kann jede Führungskraft den Überblick verlieren. Zumal es viele technologische Neuerungen gibt, die kaum noch jemand überblickt. Einer allein ist damit überfordert.

Entscheidungen sind heute vielmehr ein Zusammenspiel der vielen, eine konstruktive Netzwerkkooperation, ein ständiges Neuverhandeln, ein permanentes Justieren. Es erscheint fast schon fahrlässig, diese Aufgaben einem oder einer allein zu überlassen. In neuen Teamsituationen werden Entscheidungswege neu organisiert und, wenn nötig, neu verhandelt. Entscheidungen sollten im besten Fall dort getroffen werden, wo sie gebraucht werden und wo das Wissen zur Sachlage vorhanden ist.

Auch Führungsrollen oder besser: Entscheidungsrollen werden immer wieder neu vergeben. Das kann mal die eine Mitarbeiterin, der eine Mitarbeiter sein, weil sie oder er im Thema am besten drin ist, weil sie oder er fachlich auf der Höhe ist. Im nächsten Team ist es jemand anderes. Es kann auch sein, dass es niemand mehr ist. Dass es gar keine Einzelentscheider und Einzelentscheiderinnen mehr gibt.

Entscheidungen können heute beispielsweise per »Einwandabfrage« im Team getroffen werden. »Wer kann mit dieser Entscheidung gar nicht leben?« Das heißt: Bevor abschließend Entscheidungen getroffen werden, kann im Team abgeklopft werden, ob jemand Einwände hat. Eine Frage, die es in alten Zeiten kaum so gegeben hat: »Hat jemand Einwände gegen die Entscheidung?« Nein, eine Führungskraft war dazu da, mit ihrer Entscheidung Einwände zu vertreiben. Einwände? Ach, woher denn!

Was wir vom Trümmer also brauchen: die Fähigkeit und den Willen, Entscheidungen zu treffen. Und was wir nicht mehr brauchen: alle Entscheidungen auf eine Person zu konzentrieren. Neu ist: Entscheidungen orientieren sich an Inhalten.

Der Trümmer »Entscheidungen« muss deshalb in eine flexible, facettenreiche Form gebracht werden. Die entscheidenden Rollen werden neu vergeben. Mal gibt es einen, der das technische Know-how hat, ihm kann überlassen werden, wie ein Projekt technisch umgesetzt wird, er kann das entscheiden. Wenn es über die technische Lösung hinaus inhaltliche Fragen gibt, kann das im Team diskutiert und entschieden werden. Entscheidungen entstehen aus der Kraft des Teams, nicht im Kopf eines Einzelnen.

Grundsätzlich haben wir oft eine große Achtung vor den Chefs, die schnell und zügig Entscheidungen treffen. Kürzlich hat der CEO eines bekannten Familienunternehmens die Meinung vertreten, dass ein Chef immer schnell entscheiden müsse, damit seine Mitarbeiter nicht den Eindruck bekamen, er habe keine Ahnung. Auch wenn es sachlich nicht stimmt: Hauptsache, schnell. Nur keine Schwäche zeigen.

Was für ein Irrtum. Es geht doch nicht um schnelle oder langsame Entscheidungen, es geht allein um Sinn oder Unsinn. Zeit für Entscheidungen sollte man sich, wenn nötig und möglich, nehmen – und in diesen Entscheidungsprozess eben mehrere einbeziehen.

Natürlich kann es Situationen geben, in denen sehr schnell entschieden werden muss. Dann muss klar sein, wer für diese Entscheidung zuständig ist. Im Zweifelsfall ist dies der Vorstand – oder, bei unmittelbarer Gefahr für das Unternehmen, der Vorstands- oder Aufsichtsratsvorsitzende.

ZWEITES TRÜMMERTEIL: »MOTIVATION«

Auf Motivation kann man nicht verzichten. Auch wenn sie in den Trümmern liegt und wir sie aus dem Schutthaufen hervorholen müssen. Mitarbeiter für ihre Arbeit zu motivieren und dazu, sich weiterzuentwickeln, das ist essenziell für ein Unternehmen und eine Schlüsselaufgabe für alle, die Mitarbeiter führen.

Da liegt es also, das Trümmerteil »Motivation«, angeschlagen im Staub. Aber wir benötigen es. Wenn auch nicht in der herkömmlichen Form. Was von der alten Motivation übrig geblieben ist, kann kaum einer gebrauchen. Wir denken an die Möhre, die dem Esel per Angel hingehalten wird und hinter der er immer hertrabt.

Das wird so nicht mehr funktionieren. Gib ihnen einfach mehr Geld, halte ihnen eine Belohnung hin, dann werden sie auch mehr tun – sehr fraglich, ob das als Motivation ausreicht. Auch die alte Motivation »Stelle ihnen eine Beförderung in Aussicht«, auch diese Form der Motivation scheint sich verabschiedet zu haben. Ohnehin ist genau dieser Punkt eng verknüpft mit dem alten Organigramm-Denken. Wer sich anstrengt, kommt in ein neues Kästchen, steigt in ein höher liegendes Kästchen oder bekommt – Tada! – sein eigenes Kästchen. Am besten kurz unterhalb dem des Kästchen-Vorstands, damit auf den Grillpartys am Wochenende auf die Frage, was man macht, erzählt werden kann: »Eine unter dem Vorstand.«

Jetzt ist die Sache die: Wir haben das Organigramm gesprengt – und damit auch die Kästchen-Motivation. »Sie schaffen es hier mal nach ganz oben!« wird es als Anreiz nicht mehr geben können.

Auch die Frage »Was kann ich hier denn noch werden, wie sieht es mit einem Aufstieg aus?« scheint nun überholt. Wir brauchen neue Antworten. Selbst das Gehalt wird es nicht richten. Ja, das Gehalt ist wichtig, es ist elementar und wird in Umfragen (»Was ist Ihnen im Job wichtig?«) keineswegs unter ferner liefen betrachtet, wie das die New-Work-Apologeten gerne behaupten – aber es ist eben nicht die entscheidende Motivation, etwas zu tun.

WEG MIT DEM »OBEN« IM ORGANIGRAMM

Was wir wirklich an diesem Trümmer vergessen können: das »Nach oben ziehen«, das »Oben ins Visier nehmen«, das »Rasierklingen an die Ellenbogen und dann ab«! Das ist mit dem Staub verraucht. Überhaupt ist dieser Weg nach diesem vermeintlichen »Oben« ohne ein per Organigramm organisiertes »Oben« ja nicht mehr machbar.

Die Motivation muss also mehr aus der Arbeit kommen, sie muss mehr mit dem zu tun haben, was wir Tag für Tag leisten. Sie muss »Sinn stiften«, wie das heute heißt. Und das ist eng verknüpft mit dem modifizierten Trümmerteil: »Entscheidungen«. Denn Motivation in einer Welt ohne Organigramm heißt, dass alle mehr an Entscheidungen teilhaben dürfen, dass allen mehr Entscheidungsspielraum geboten wird.

Das war ja das Frustrierende in der Organigramm-Welt: Entscheiden darf, kann, soll nur, wer im richtigen Kästchen ist. Egal, ob er die Problemstellung überblickt. Egal, ob er fachlich wirklich dafür geeignet ist. Irgendwie hat er (oder sie) es an die Spitze des Kästchens geschafft, also ist wahr und richtig, was diese Person entscheidet.

Das heißt auch: Entschieden hat oft jemand, dem sogar die Expertise gefehlt hat. Und das ist etwas, das ruhig in den ewigen Jagdgründen liegen bleiben darf. Kein Mensch braucht dieses Trümmerteil. In einer neuen Arbeitswelt gibt es das nicht mehr. Dass einer entscheidet, der von der Sache nichts versteht.

Denn diese Form der Entscheidungsgewalt ist maximal demotivierend.

TEILHABE ALS MOTIVATION

Wir als Unternehmen brauchen Mitarbeiter, die entscheiden wollen, die sich einbringen wollen, die uns sagen, was zu tun ist. Unternehmen brauchen weniger die Mitarbeiter, die sich nur dadurch motivieren, dass sie nach oben streben. Denen es nicht um Inhalte, sondern um Titel geht. Stattdessen geht es darum, »accountable« zu sein, also Verantwortung zu übernehmen.

Unter einer Top-Motivation stellen wir uns vor, dass Mitarbeiter Entscheidungen auch kritisch hinterfragen können, dass sie Raum für Kreativität erhalten und dass sie sich auch über die Strategie des Unternehmens Gedanken machen. Gerade das ist bisher ein Privileg der Bewohner der obersten Kästchen. Aber führen wir uns einmal vor Augen, wie viel Energie wir freisetzen, wenn sich Mitarbeiter Gedanken machen dürfen und sollen, wohin es mit dem Unternehmen gehen soll! Mitarbeiter sollten besser verstehen, warum sie an was arbeiten und was ihr Beitrag für den Erfolg des Unternehmens ist. Das motiviert ungemein.

Wir sind schnell bereit, externe Berater zu holen, Expertise hinzuzukaufen. Aber warum fragen wir nicht die eigentlichen Experten, warum nicht diejenigen, die das Unternehmen sehr gut kennen, nämlich die eigenen Mitarbeiterinnen und Mitarbeiter? Das verstehen wir unter Motivation: Teilhabe. Und Mitbestimmung im Sinne einer Mitgestaltung. Das löst Motivationsschübe aus. Motivation ist aber auch, Neues zu lernen, indem man sich thematisch weiterentwickeln kann, zum Beispiel indem man neue, bislang ungewohnte Aufgaben übernimmt.

DRITTES TRÜMMERTEIL: »WERTSCHÄTZUNG«

Anerkennung ist ein menschliches Bedürfnis. Man wünscht sich, dass die eigene Leistung geachtet wird, dass anerkannt wird, was man auf die Beine gestellt hat, zu was man in der Lage ist.

Ein Lob der Führungskraft, das war der Ritterschlag, danach war man selig. Es erfüllte einen mit Stolz und Freude, dass wertgeschätzt wurde, was man tut – und vor allem, dass es wahrgenommen wurde, was man alles geleistet hatte. Welche Freude auch die anerkennenden Blicke auslösten, wenn man vom Chef vor versammelter Mannschaft gelobt worden war. Plötzlich hatten die Kollegen Respekt.

**WER NICHT LOBEN KANN,
HAT KEIN RECHT ZU KRITISIEREN.**

Wobei die Anerkennung eben immer eng verknüpft war mit dem Wohlwollen des Chefs, der Chefin. Für wahre Anerkennung waren vor allem die von »oben« verantwortlich. Und im besten Fall winkte eine Beförderung – oder gar ein eigenes Kästchen! Da haben wir bei B. Braun, da haben sicher viele andere Unternehmen noch einiges an Luft nach oben. Aber immer gilt hier auch der Hinweis, dass man durchaus auch einen seiner Kollegen oder seinen Chef einmal loben sollte. Wer das probiert, kann freudiges Erstaunen bewirken. Endlich erkennt jemand, was für ein großartiger Chef ich bin!

Wir wollen das nicht ins Lächerliche ziehen. Das ist ein tiefes Bedürfnis, die Anerkennung. Man wird geachtet, man arbeitet nicht nur vor sich hin, sondern was man tut, wird wertgeschätzt. Anerkennung ist wichtig. Deshalb nehmen wir das Trümmerteil mit auf den Weg in eine neue Arbeitswelt. Nur eins zu eins lässt es sich nicht mehr verwenden. Wir müssen da ran, ein paar Kanten abschlagen, das Teil neu schleifen.

DIENSTWAGEN UND ECKBÜRO?

Anerkennung bekomme ich in der neuen Welt nicht mehr, weil ich »Vice President« bin. Berufliche Anerkennung ist auch nicht mehr gleichzusetzen mit Dienstwagen und Eckbüro, also mit den alten Insignien von Macht und Einfluss. Anerkennung ist außerdem nicht mehr verbunden mit regelmäßigem Aufstieg in der Kästchenstruktur. Und das aus einem einfachen Grund: Diese Anerkennung schloss viele aus, weil die meisten eben nicht an die Spitze eines Kästchens gerieten. Nur ganz wenigen, zu wenigen wurde jene besondere Anerkennung zuteil.

Was also bleibt?

Nun, eine neue Form der Anerkennung ist, dass man Mitarbeitern etwas zutraut – und zwar viel mehr zutraut als bisher. Wenn beispielsweise eine sehr junge Mitarbeiterin die Leitung bei einem Projekt übernimmt, bedeutet das für sie hohe Anerkennung. Es wird ihr zugetraut, das Projekt zu leiten. Im Team, das von ihr angeführt wird, mögen viele Erfahrene sitzen, aber sie hat die Führungsrolle übernommen – weil das Team so entschieden hat. Weil das Team ihr das zutraut. Mehr Anerkennung geht nicht.

Beim nächsten Mal, beim nächsten Projekt kann die Projektleitung ein anderer oder eine andere übernehmen. Denn Leitung ist nicht ein Job eines Einzelnen, Führung verteilt sich auf mehrere Schultern. Anerkennung ist auch, dass man Feedback regelmäßig bekommt, schnell und direkt. Am Ende eines jeden Meetings, zwischendurch auf dem Flur. Kollegen und Chefs im offenen Austausch miteinander. Eine offene Kultur ganz im Sinne unseres Unternehmenscredos »Sharing Expertise«. Anerkennung von Kollegen wird ohnehin immer wichtiger, um gut zusammenzuarbeiten, um dadurch gute Ergebnisse zu erzielen. Weil eben nicht einer oben steht, der die Ergebnisse abnimmt und präsentiert. Teams sind dafür verantwortlich, dass die Themen laufen.

EIN MEHR AN VERANTWORTUNG

Das heißt: Anerkennung manifestiert sich nicht auf der Visitenkarte, sondern bei der Übernahme von Verantwortung. Und zwar schon in einem frühen Stadium des beruflichen Werdegangs.

In der alten Organigramm-Welt hätte der Mitarbeiter vermutlich erst nach langer Zeit, nach einem langen, mühseligen Aufstieg dieses Mehr an Verantwortung übernehmen dürfen. In einer neuen Struktur, die sich nicht an Kästchen, sondern an Kompetenzen orientiert, kann wesentlich früher Verantwortung übernommen werden.

Man sollte hier auch den Mut haben, Aufgaben auf Mitarbeiter zu übertragen, die auf einem Gebiet noch keine langjährige Erfahrung vorweisen können. Gut ausgebildete Mitarbeiter arbeiten sich schnell in Neues ein und leisten oft ganz Erstaunliches.

Und die Sorge, Mitarbeiter würden »abheben«, weil man sie so früh in die Verantwortung lässt, ist auch nicht berechtigt. Denn beim nächsten Thema kann wieder ein anderer eine Führungsrolle übernehmen.

VIERTES TRÜMMERTEIL: »KONTROLLE«

Kontrolle ist ein zentrales Element aus dem Organigramm-Kosmos. Command & Control, Befehl und Gehorsam, das ist schon fast charakteristisch für die alte Zeit. So können Organigramme im Extremfall funktionieren: Nichts entgeht der Kontrolle des Vorgesetzten. Alles wird kontrolliert, jeder Schritt einer Mitarbeiterin, eines Mitarbeiters. Natürlich werden auch die Arbeitsschritte einer strengen Kontrolle unterzogen. Auch das sollte einer Führungskraft nicht entgehen. Keiner darf sich wirklich frei fühlen. »Ich habe gesehen, mit der XY-Sache müssten Sie ja durch sein, da haben Sie also noch Kapazitäten, ich habe da noch was für Sie.«

DAS UNBEHAGEN DER MITARBEITER

Immer diese wachen Augen im Hintergrund, die genau beobachten, was der einzelne Mitarbeiter gerade macht. Diese Momente, wenn die Tür aufgeht, der Chef aus seinem Büro kommt, durch die Gänge schreitet, alle verstohlen auf ihn blicken, er ab und zu bei einem Schreibtisch stehen bleibt, einer Kollegin über die Schulter blickt, beim anderen Kollegen mal auf den Monitor schaut, was genau da gerade abläuft – und das alles immer begleitet von einem Unbehagen bei den Mitarbeitern, die es nie genau einschätzen können: »Interessiert er sich wirklich für das, was ich tue, oder kontrolliert er nur, ob ich überhaupt etwas tue und wie weit ich eigentlich bin?«

Wir hören dies über Unternehmen, in denen Kontrolle sehr großgeschrieben wird. Der Zwang zu kontrollieren treibt dort viele Blüten: Auch wenn von der Führungskraft gesagt wurde, dass der »überarbeitete Vorschlag«, die »Präsentation«, die »Neuberechnung« bis »Ende der Woche« vorliegen sollte, fragt der Chef spätestens am Mittwoch nach, wie weit man sei, ob man gut durchkomme, ob man Hilfe benötige. Und auch wenn gute Absicht dahinterstecken kann, im Grunde ist es immer ein wenig Kontrolle – und sorgt nicht selten für schlechtes Gewissen: »Oh, er fragt schon nach, ich bin doch in der Zeit, es hieß doch ›Ende der Woche‹, warum fragt er denn nach? Vertraut er mir nicht? Oder hat er recht? Vielleicht werde ich es nicht schaffen? Er hat kein Vertrauen, sonst würde er doch nicht nachfragen?«

Arbeitnehmer in solchen Umgebungen kennen dieses leicht ungute Gefühl: Der Chef ist immer da, er lässt mich meine Arbeit nicht in Ruhe machen. Eben das braucht es nicht mehr. Damit verknüpft ist das Phänomen »Präsenzpflicht«. Hier hält sich die alte Vorstellung hartnäckig: Wer physisch da ist, sichtbar ist, arbeitet. Wer es nicht ist, scheint wohl Besseres zu tun zu haben. Das geht an manchen Orten so weit, dass der Skype-Status »offline« als »arbeitet nicht« gesehen wird.

DAS TRÜMMERTEIL ENDGÜLTIG ENTSORGEN

Wer permanent kontrolliert, wer sich immer auf seine Zuständigkeit und vor allem ständig auf seine Verantwortung beruft, dürfte ohnehin eine kaum gefestigte Führungskraft sein. Wie oft wird durch Kontrollzwang einfach nur die eigene Unsicherheit kaschiert? Wie oft äußert sich im permanenten Nachfragen die eigene Inkompetenz?

Vielleicht können wir das Trümmerteil wirklich mal wegschaffen, endgültig entsorgen, das braucht kein Mensch mehr. Jahrelang galt: Vertrauen ist gut, Kontrolle ist besser. Und gerade die Bewohner der oberen Kästchen haben sich fast schon selbstverständlich als Kontrollorgan verstanden: Ich muss meine Leute im Griff haben. Wer, wenn nicht ich? Die steigen mir doch sonst aufs Dach.

**VERTRAUEN UND TRANSPARENZ
ERSETZEN PERMANENTE KONTROLLE.**

Wie gesagt: Kontrolle ist ein altes Trümmerteil, das kann weg. Heute gilt: Vertrauen ist gut, noch mehr Vertrauen ist noch besser. Eine jüngst vom Institut für mobile Marktforschung Appinio für den Murmann Verlag durchgeführte Umfrage mit insgesamt 1000 Teilnehmern in repräsentativer Verteilung bestätigt das. Auf die Frage: »Welche Eigenschaften sind bei einem Chef besonders wichtig?« lautete die zumeist genannte Antwort: »Er vertraut mir«.

Wer seinen Mitarbeitern vertraut, wird erstaunt sein, mit wie viel mehr Energie sie ans Werk gehen. Wie befreit sie arbeiten. Und welch gute Ergebnisse sie abliefern, die auch noch perfekt im Zeitplan liegen.

TRANSPARENZ SORGT FÜR WENIGER KONTROLLE

Kontrolle kann oft Angst auslösen, und Angst war noch nie ein guter Motivator. In den neuen Strukturen brauchen wir ohnehin nicht mehr dieses Maß an Kontrolle von oben. Wenn mehr Mitarbeiterinnen und Mitarbeiter in Entscheidungsprozesse einbezogen werden, wenn mehr Kolleginnen und Kollegen Verantwortung übernehmen, wenn viele Prozesse und Abläufe transparenter werden, wenn jeder weiß, was man gemeinsam vorhat, wohin es gehen soll, wer was macht, dann sinkt der Bedarf an Kontrollorganen.

Absichten, Ziele und Vorgehensweise müssen künftig viel transparenter sein und nicht wie eine geheime Verschlusssache im Büro der Führungskraft (und zwar ausschließlich dort) behandelt werden. Wer Mitarbeiter im Unklaren über Ziele lässt, will sie einfach nur besser kontrollieren. Je weniger sie wissen, desto besser – das ist ein Trümmerteil, das wir endgültig beseitigen können.

FÜNFTES TRÜMMERTEIL: »FEEDBACK«

Eigentlich ist »Feedback« ein noch recht frisches Trümmerteil. Es schaut auch nicht so zerstört aus wie die anderen. Und im Grunde brauchen wir dieses Trümmerteil auch in der Nach-Organigramm-Welt. Wir brauchen Feedback. Das steht außer Frage. Wir sollten das Trümmerteil komplett beibehalten. Jeder sollte wissen: Was er tut, hat Konsequenzen, im Guten wie im Schlechten.

Jedem sollte bewusst sein, dass seine Entscheidungen, seine Vorschläge, sein Verhalten, sein Einsatz von anderen bewertet werden müssen. Ein gut organisiertes Feedback ist absolut wesentlich. Das kann man gar nicht oft genug sagen. Eine Rückmeldung auf das eigene Tun, ein gutes Feedback gibt nicht selten den entscheidenden Kick. Fehler werden angesprochen, Missgriffe thematisiert. Man lernt, welche Wirkung das eigene Handeln hat, nimmt sich selbst besser wahr, korrigiert im besten Fall eigene Verhaltensweisen.

Gutes Feedback hilft vor allem auch, die anderen zu verstehen. Im Feedback zeigt sich der Mensch, zeigt sich die Führungskraft. Im guten Feedback erlebt man die Kollegen, erfährt, wie sie mit Kritik umgehen – ob sie es überhaupt können.

Deshalb: Das Trümmerteil »Feedback« werden wir auf keinen Fall wegschaffen. Das bauen wir ein. Wobei, in einigen Punkten müsste das Feedback angepasst werden: Feedback gibt es nicht nur »top-down«. Und Feedback ist nicht nur Kritik. Anerkennung bedeutet nämlich auch, dass wir einander wissen lassen, wenn etwas richtig gut gelaufen ist. Und das schließt »oben«

mit ein. Heute bekommen auch Führungskräfte Feedback. Positiv wie negativ. Und das ist relativ neu. Außerdem sollten wir nicht auf das jährliche Mitarbeitergespräch warten, um mitzuteilen, worüber wir uns vor sechs Monaten so richtig geärgert – oder gefreut – haben. Das sollte zum Alltag werden.

Ein jährliches Mitarbeitergespräch, von »oben« angeordnet und für jeden verpflichtend, ist ein zu starres Format. Begründet wird es zum Beispiel damit, dass manche Vorgesetzte nicht gut im täglichen Feedback sind. In diesem Fall sollten die Vorgesetzten eben dazulernen. Gespräche mit den Mitarbeitern und Feedback sollten tägliche Routine sein. Wenn dann ein Mitarbeiter Bedarf an einem ausführlichen Gespräch hat, muss es selbstverständlich sein, dass ein solches Gespräch so bald wie möglich stattfindet – und nicht auf ein jährliches Mitarbeitergespräch verschoben wird.

Neben dem täglichen Feedback ist aber auch ein strukturiertes Gespräch immer noch nötig, um den Blick nach vorne zu richten und über Weiterentwicklung zu sprechen. Dafür haben wir in Pilotbereichen ein Gesprächsformat entwickelt, in dem Mitarbeiter nicht nur von der Führungskraft, sondern auch von den Kolleginnen und Kollegen eine Rückmeldung erhalten und dann gemeinsam über die Weiterentwicklung sprechen können: »Das könnte ich mir vorstellen, seht ihr mich darin auch? Woran müsste ich vielleicht noch arbeiten, um dahin zu kommen? Und was könnten die nächsten Schritte sein?« Entwicklung ist zu wichtig, als dass sie nur von der Führungskraft abhängen sollte. Die Mitarbeiter sollen sich selber einbringen können und auch die Einschätzung ihrer Peers kennen – der Leute, mit denen sie viel zusammenarbeiten.

FEHLER OFFEN ANSPRECHEN

In neuen offenen Strukturen werden von Kolleginnen und Kollegen, aber ebenfalls von Führungskräften begangene Fehler offen angesprochen – und das eben auch von Mitarbeiterinnen und Mitarbeitern, die in der Kästchen-Ordnung eher weiter unten angesiedelt waren. Das Organigramm hat Feedback sehr einseitig verteilt. Nach der Sprengung werden Rückmeldungen aber querbeet verteilt. Das muss man aushalten können. Und das kann man aushalten – sofern zwei unerlässliche Dinge gegeben sind: eine positive Fehlerkultur, die Fehler allgemein als willkommenen Anlass für Verbesserung sieht, und eine wohlwollende Feedbackkultur, die Menschen nicht demotiviert.

Für den einzelnen Mitarbeiter ist das ganz klar ein Vorteil. Früher hätte er eine Kritik am Verhalten des Vorgesetzten in sich hineingefressen, hätte es ausgehalten, dass beispielsweise der Chef einen Fehler gemacht, ihn ungerecht behandelt, seine Idee abgekanzelt, ihn womöglich vor den anderen bloßgestellt hat.

Heute kann er es aussprechen. Heute kann und soll die Führungskraft für dieses Verhalten kritisiert werden. In der Arbeitswelt sollte es möglich sein, eben genau dieses Feedback auch zu geben. Ohne dass disziplinarische Maßnahmen drohen, ohne dass der ganz große Streit vom Zaun bricht.

Ein Mitarbeiter hat dabei eine Verpflichtung, auch Nein zu sagen, wenn er eine andere Meinung vertritt. Dabei drückt sich das Nein in verschiedenen Kulturen sehr unterschiedlich aus. Oft gilt Stillschweigen schon als Zeichen, dass man dem Gesagten nicht zustimmt, während bei uns in Deutschland Stillschweigen genau das Gegenteil signalisiert – Zustimmung. Wir diskutieren diesen Aspekt im Unternehmen gern unter dem Titel »How to say no!«.

SECHSTES TRÜMMERTEIL: »HIERARCHIE«

Hierarchie, so, wie es sie vor der Sprengung gab? Keine Frage, weg damit. Es mag sein, dass es Menschen gibt, die gerne führen, die oben stehen wollen, die auch automatisch zu einer Leitfigur erkoren werden und sich schon immer für eine Leitfigur gehalten haben (aber oft den Beweis schuldig geblieben sind). Und ja, es mag Menschen geben, die die Unterordnung schätzen, die sich gerne unterordnen, eben weil sie die Verantwortung nicht tragen wollen und weil es schlichtweg auch bequemer ist, seinen Dienst wie beauftragt zu verrichten.

Das sind alles menschliche Züge, und wir haben nicht vor, dies komplett auf den Kopf zu stellen. Nur sollte es nicht mehr eine durch ein Organigramm mehr oder weniger künstlich hergestellte Hierarchie geben. Das hat sich überholt.

HIERARCHIE IST HEUTE EINE KOMPETENZ-HIERARCHIE

Was wir brauchen werden, ist eine variable Hierarchie, je nach Aufgabenstellung. Bei jeder neuen Aufgabe werden die Führungsrollen neu vergeben. Mal ist die eine Mitarbeiterin, mal der andere Mitarbeiter am Ruder. Je nach Interesse, Fähigkeit und Kompetenzen.

ES ZÄHLT IMMER DAS BESTE ARGUMENT, NICHT DIE HIERARCHIE.

Wer sich außergewöhnlich gut mit Data Analytics auskennt, wird in einem Data-Analytics-Projekt ganz von selbst eine Führungsrolle übernehmen, und die anderen werden sich vielleicht ein Stück weit unterordnen. Weil sie anerkennen, dass es hier eine Person gibt, die qua Kompetenz vorangehen sollte. Später, bei einem Projekt zur Online-Kommunikation, wird eine andere, ein anderer die Rolle ganz oben übernehmen – weil er oder sie sich darin gut auskennt, weil er oder sie darin Kompetenzen vorweisen kann.

Das Schlagwort heißt Kompetenz-Hierarchie und nicht mehr nur Titel-Hierarchie. Eine Kompetenz-Hierarchie stellt sicher, dass immer der- oder diejenige das Sagen hat, der oder die sich auch am besten in einem Thema auskennt und – ganz wichtig – den die Kolleginnen und Kollegen in der Rolle sehen. Das ist ein Umstand, der im alten Modell nicht immer zugetroffen hat. Da hat eine Führungskraft gerne auch mal in großer Unkenntnis entschieden. Warum? Weil sie es konnte. Weil sie oben stand.

Deshalb können wir das Trümmerteil »Hierarchie« mehr oder weniger komplett wegschleppen lassen. Her mit den Baggern! Wobei, das scheint uns nicht unwichtig: So ganz wird man auf Führungskräfte nicht verzichten können. Wenn wir dennoch mit dieser Vehemenz Hierarchien entfernen wollen, dann geht es uns um das Denken in Hierarchien, um die ausschließliche Ausrichtung am »Von oben nach unten«. Und darum, dass Führung ein Privileg von wenigen und ein starres, an einzelne Personen gebundenes Konstrukt ist: einmal Führungskraft, immer Führungskraft. Das muss weg.

DRUCK VON OBEN

Der »Druck von oben« ist ein großer Splitter unseres Trümmerteils »Hierarchie«. Er ist ein ganz wesentlicher Aspekt der Organigramm-Welt. Dort gibt es nicht wenige, die sehr bewusst diesen Druck hochhalten und den ihrerseits verspürten Druck von »noch weiter oben« auf diejenigen abwälzen, die unter ihnen stehen. In vielen Unternehmen ist es gang und gäbe, seinen Mitarbeitern das Gefühl zu geben: Es reicht nicht aus. Es wird gesagt, und zwischen den Zeilen schwingt es immer mit: »Wir müssen (also: ihr müsst) mehr machen, wir sind zu langsam, jeder von uns muss mehr leisten, in anderen Abteilungen läuft es besser, da ist jetzt jeder Einzelne gefordert – das haben die ganz oben so beschlossen.« Auch ein beliebtes Mittel: Für den entstandenen Druck ist man als Führungskraft nicht verantwortlich. Man wäre gerne locker und verständnisvoll, aber »da oben«, da machen sie doch den Druck. Man könne ja gar nicht anders, als den Druck weiterzugeben.

Das Problem: Druck ist einer der eher schlechteren Motivatoren. Unter Druck werden auch nicht immer die besten Entscheidungen getroffen. Und: Druck steigert die Arbeitsbelastung. Das wiederum kann Überlastung bewirken, und die Überlastung kann zu Stress, zu Unzufriedenheit und letztendlich auch zu Krankheiten führen. Denn eine andauernde Überbelastung führt zu somatischen Erkrankungen wie erhöhtem Blutdruck oder auch zu psychischen Krankheiten wie Depressionen, Burn-out oder Angststörungen. Gerade der Stress und die Überlastung bedingen die Anfälligkeit.

ORGANIGRAMME KÖNNEN KRANK MACHEN

Krankheiten, psychische Probleme haben viele Ursachen. Druck, der in einer starr am Organigramm ausgerichteten Arbeitsorganisation entsteht, kann dazu beitragen. Im Grunde darf kein Unternehmen gleichgültig darauf reagieren. Denn Krankheitsausfälle sind nicht zuletzt auch aus ökonomischen Gründen ein Risiko. Sie können ein Unternehmen teuer zu stehen kommen. Die von der Bundesanstalt für Arbeitsschutz und Arbeitsmedizin (BAuA) errechneten Produktionsausfälle durch Krankheitstage in Deutschland erreichen regelmäßig hohe zweistellige Milliardenbeträge. Allein im Jahr 2016 war jeder Arbeitnehmer in Deutschland 17,2 Tage krankgeschrieben. Das ist gleichzusetzen mit einem Ausfall von 1,8 Mio. Erwerbsjahren. Diese Form der Arbeitsunfähigkeit durch Krankheit führt nach Angaben der BAuA zu insgesamt 75 Milliarden Euro Produktionsausfallkosten. Nicht alle Krankheiten haben Stress als Ursache, aber die Experten gehen von einem hohen Anteil stressbedingter Erkrankungen aus.

Mit anderen Worten: Zu hohe Arbeitsbelastung verursacht Krankheiten, diese verursachen Fehltage, und die wiederum verursachen Verluste. Verluste, die zu vermeiden sind – wenn wir uns von alten Organisationsformen verabschieden. Denn überspitzt formuliert könnten wir sagen: Organigramme machen krank. Weil darin zu oft der Druck von oben nach unten weitergereicht wird. Weil dort ein permanentes »Die-Aufgabe-muss-erfüllt-Werden« im Raum steht. Hinzu kommt, dass Leistungen schlichtweg erwartet werden und Führungskräfte dazu neigen, Mehr-Leistung, Überstunden und Einsatz zu »übersehen«. Wohl auch deshalb, weil ihre eigene Leistung von den noch weiter oben angesiedelten Führungskräften ja auch als selbstverständlich erachtet wird. »Sie wollte ja Abteilungsleiterin werden, soll sie sich jetzt mal nicht beschweren«, heißt es dann.

NICHT MEHR AN DIE BELASTUNGSGRENZEN

Wir wollen, dass bei B. Braun vieles anders ist, und trotzdem können wir nicht vollständig ausschließen, dass dies hier Aufgezeigte in Einzelfällen auch bei uns stattfindet. Wir bei B. Braun wollen aber diese Mehrbelastung und diese Überlastung der Mitarbeiter vermeiden. Für uns sind Mehrarbeit und Überlastung Anlässe, die Aufgaben und Verantwortlichkeiten genauer anzuschauen und transparent zu machen. Denn häufig liegt die Mehrarbeit nur an einer schlecht organisierten Arbeitsaufteilung. Oft wissen Kollegen und Chefs auch gar nicht so genau, wer warum an was bis wann arbeitet.

Nehmen wir ein Beispiel: Kollege X könnte Kollegin Y, die sich in einer Stressphase befindet, durchaus unterstützen. Sein derzeitiges Projekt hat zeitlich noch etwas Luft, außerdem könnte er sich schnell in das Thema einarbeiten. Aber, aber, aber. Das alte Problem: Er ist dafür nicht zuständig. Da schiebt das Organigramm einen Riegel vor. Da werden enge Grenzen gezogen. Er würde ja gerne, aber er darf ja nicht. Das hat zur Folge: Kollegin Y hechelt durch das Projekt, macht mehrfach Überstunden, geht an den Rand ihrer Belastungsgrenze, damit das Projekt pünktlich abgeschlossen werden kann. Und es ist nicht auszuschließen, dass sie nach Projektabschluss erkrankt, weil es an Regenerationsphasen fehlt, weil sie vielleicht gleich in das nächste Projekt springt, weil das qua Organigramm so vorgesehen ist – und weil genau das den Stress weiter erhöht.

Nun kann es auch sein, dass die Kollegin ernsthaft erkrankt und sehr lange ausfällt und sich viele Projekte, die eigentlich dringend waren, stauen. Oder, und das kann in einem sehr rigiden Arbeitsumfeld geschehen, gerade bei fähigen Mitarbeitern: Die Kollegin kündigt und sucht sich eine Arbeitsumgebung, die ihr die Möglichkeit eröffnet, ihr Potenzial zu zeigen und zu entfalten – und das eben stressfreier als bei ihrem bisherigen Arbeitgeber.

Daher scheint uns der Schritt zu einer Neuorganisation der Arbeit nur folgerichtig. Unternehmen brauchen eine neue Organisationsform nicht nur, um die Arbeit besser zu organisieren. Sie brauchen diese neue Form der

Zusammenarbeit vor allem auch deshalb, weil sie ihre Mitarbeiter nicht »ausbeuten«, nicht »auswringen« dürfen. Und weil sie sie nicht sehenden Auges in Krankheiten steuern lassen dürfen. Das verbietet ihnen ihre Verantwortung als Menschen, und das verbietet ihnen auch ihre Verantwortung als Unternehmen. Schluss also mit dem Druck von oben! Kein Zweifel, dass wir auch den Druck von oben auf die Halde verbannen.

SIEBTES TRÜMMERTEIL: »INNOVATIONSKRAFT«

Ein wichtiges Trümmerteil entdecken wir am Rand des Trümmerfelds: »Innovationskraft«. Das ist unsere Stärke. Innovation gehört neben Effizienz und Nachhaltigkeit zu den Markenwerten bei B. Braun, und jeder Mitarbeiter ist somit aufgefordert, nach den besten neuen Wegen zu suchen.

Blicken wir jedoch auf das Organigramm. Im klassischen Organigramm ist klar festgelegt, wo Innovationen entstehen, in welches Kästchen die »Innovationskraft« delegiert wird. Sie gilt nicht als Aufgabe und Grundhaltung der gesamten Belegschaft, Innovationen entstehen hier eher in abgeschlossenen Abteilungen. In der Abteilung Forschung und Entwicklung werden Innovationen geboren. In manchen Unternehmen wird dagegen zum Beispiel die IT-Abteilung mehr als Wartungs- und Reparaturbetrieb angesehen als eine Abteilung, die Betriebssysteme am Laufen halten, Updates einspeisen und den Kollegen helfen soll, wenn diese ihre Mails nicht aufrufen können.

Statt als aktive Treiber von Innovation sehen sich viele Abteilungen in solchen Unternehmen oft nur als Dienstleiter im Sinne von: Dienst nach Vorschrift. Im Grunde agieren dort die meisten Abteilungen, streng sortiert, wie es das Organigramm vorschreibt, nebeneinander, alle sind klar voneinander getrennt, vor allem auch in Fragen der Innovation.

Die einen denken nach, was neu werden kann, die anderen planen die Umsetzung, die Dritten üben die Anpreisung. Die Sache ist nur die, dass beispielsweise das Marketing und der Verkauf sehr engen Kundenkontakt haben, viel erfahren über Präferenzen und Wünsche, während sich »Forschung und Entwicklung« weniger intensiv mit Kunden austauscht.

Und weil man sich nicht richtig austauscht, was dem Kunden am Herzen liegt, die anderen aber auch nicht wissen, was technologisch möglich ist, versandet vieles, verpuffen viele wertvolle Ideen. Auch so ein Makel des Organigramms. Das heißt aber nicht, das Trümmerteil »Innovationskraft« liegen zu lassen. Im Gegenteil.

NICHT MEHR FESTGEZURRT AGIEREN

Innovationskraft wird man dringend brauchen. Das bleibt! Allerdings müssen wir den Weg zur Innovation neu organisieren. Und dabei hilft uns die Sprengung des Organigramms.

Denn mit dem Organigramm verschwinden hierarchisch organisierte Innovationswege, verschwinden hohe Grenzen und Hürden. Gerade bei der Innovationskraft zeigt sich, wie befreiend die Sprengung wirkt. Die Mitarbeiter können freier agieren, sind nicht mehr festgezurrt in ihren Zuständigkeiten und Kästchen-Zuordnungen, müssen sich mit ihren Ideen nicht in Abteilungen verkriechen.

Ohne Organigramm lässt es sich viel leichter abteilungsübergreifend arbeiten, plötzlich können Kompetenzen »gemischt« werden, plötzlich kommen Mitarbeiterinnen und Mitarbeiter in Kontakt, die sonst streng nach Silo-Zugehörigkeit agiert hätten, plötzlich lassen sich Ideen austauschen, Debatten führen, ohne den Umweg über die »Bereichsleitung« zu gehen – ohne um Erlaubnis zu fragen.

WAS BRINGT DAS UNTERNEHMEN WEITER?

Der Fokus wird sich verschieben. Wer etwas entwickeln will, stellt sich nicht mehr automatisch die Frage: Will das meine Führungskraft überhaupt? Oder: Könnte das meiner Führungskraft gefallen? Oder gar: Mit welcher Idee könnte ich punkten, auch im Hinblick darauf, für eine bessere Position infrage zu kommen? Das ist alte Welt.

Ohne Organigramm stellt sich nur eine Frage: Was bringt das Unternehmen weiter? Was bringt mein Team weiter? Wie kann ich meine Kompetenz am besten einbringen? Und nicht: Wie kann ich andere mit meiner Kompetenz ausstechen? Methoden wie beispielsweise Design Thinking helfen dabei, neue Wege bei der Ideenentwicklung und -verwirklichung zu gehen.

ACHTES TRÜMMERTEIL: »REPRÄSENTATION«

Jeder kann sich hinstellen. Jeder kann für eine Idee eintreten. Das muss nicht nur die Bereichsleitung sein. Das Trümmerteil »Repräsentation« im Sinne einer ausschließlichen, einer exklusiven Repräsentation durch diejenigen, die im Organigramm oben stehen, kann weg. Das muss nicht einmal groß geprüft werden. Repräsentation ist kein Privileg der Wenigen mehr.

Wer gewohnt ist, zu delegieren, zu organisieren, Aufgaben zu verteilen, wird da ernsthaft umdenken müssen. Er oder sie kann sich nicht mehr nur zuarbeiten lassen, bei den anderen die Köpfe rauchen lassen, um dann das Ergebnis der kreativen Arbeit bei den Entscheidern zu präsentieren. Es geht nicht mehr, dass sich eine Führungskraft kaum um die Umsetzung einer Idee kümmert, es aber als Selbstverständlichkeit betrachtet, sich mit der Arbeit der anderen erstklassig zu präsentieren, sich eventuell sogar einen Vorteil zu verschaffen, um den Sprung in ein nächstes Kästchen zu schaffen.

Das ist ur-oldschool. Das brauchen wir nicht mehr. Tschüss, Trümmer.

INPUT VON JEDEM

Künftig wird sich keiner hinter seiner »Leitungs«-Funktion verschanzen können und weitgehend untätig bleiben. Heute braucht es den Input von jedem, und wer etwas vorstellt oder präsentiert, entscheidet die Kompetenz, entscheidet die Gruppe beziehungsweise wird durch die variierende Rollenvergabe jedes Mal passend zur Situation neu entschieden.

Es gibt keine Notwendigkeit, dass es immer nur den einen, die eine gibt, die delegiert – und dann die Früchte einfährt und das als Naturgesetz betrachtet. Diese Einzelkämpfermentalität, diese Haltung des »Ich bin Chef, lasse andere für mich arbeiten und bemühe mich in erster Linie, Eindruck beim Vorstand zu schinden« – das wird es nicht mehr geben. Nicht mehr, wenn es keine Organigramme mehr gibt.

In einer Arbeitswelt ohne Organigramme geht es um Fähigkeiten, um Talent, um Ideen. Ideen entstehen auf allen Ebenen. Sie werden von allen Ebenen vorgestellt. Es geht nicht mehr um die erste oder zweite Reihe. Es geht nicht mehr um eine Chef-Show.

NEUNTES TRÜMMERTEIL: »KARRIERE«

Warum mache ich das? Auf diese Frage haben viele Mitarbeiter oft eine Antwort: »Weil ich Karriere machen will!« oder »Weil ich aufsteigen will!« Deshalb ist das Trümmerteil »Karriere« nicht einfach wegzulegen. Es liegt vor uns, in der Sonne glänzend, ein schönes Versprechen: »Karriere«.

Karriere, das ist ja auch das Versprechen eines Unternehmens: »Kommen Sie zu uns! Bei uns können Sie Karriere machen.« Und uns ist bewusst: Wir können nicht einfach sagen: »Karriere? – Das war einmal, vergesst das!« Wir müssen das respektieren: Viele Menschen ziehen eine Motivation daraus, aufzusteigen, mehr Geld zu verdienen, ein Eckbüro zu bekommen – und einen schönen Titel auf der Visitenkarte zu erhalten.

Das soll nicht abschätzig klingen, das müssen wir sehr ernst nehmen. Vor allem wollen wir Menschen ja nicht erziehen oder ihnen moralische Vorgaben machen. Was wir ohne Organigramme erreichen wollen, ist eine bessere Organisation der Zusammenarbeit.

ANGST, DIE KARRIERE ZU GEFÄHRDEN

Was aber sollen wir nur beim Trümmerteil »Karriere« bewahren? Was davon können wir erhalten? Was davon sollte abgeschliffen werden? Sicher ist: Wir sind es leid zu sehen, wie Status- und Machtdenken die Zusammenarbeit behindern, weil eben viele an ihre Karriere denken.

Es ist auch immer ärgerlich zu sehen, wie Menschen nicht kooperieren, obwohl sie es wollten und könnten, es aber nicht tun, weil es ihre Stellung im Organigramm gefährdet oder weil es ihre Stellung im Organigramm nicht zulässt. Oder weil sie generell Angst haben, eine nicht mit dem Organigramm abgedeckte Arbeit könnte die Karriere gefährden.

Ohne Organigramm stellt sich daher für einige die Sinnfrage, vor allem eben für die Karrieristen. Ohne Organigramm ist ein »Aufstieg« im eigentlichen Sinn nicht mehr möglich.

NICHT MEHR »ÜBER LEICHEN GEHEN«

Deshalb müssen wir uns um eine Neudefinition des Begriffs Karriere bemühen. Wir müssen bei diesem Trümmerteil die unschönen Ecken entfernen: das Durchboxen, das »Über-Leichen-Gehen«.

Und vor allem müssen wir einen Gedanken in das Unternehmen bringen: Die Richtung ist nicht immer nach oben. Wir denken auch horizontal, wir denken im Team. »Karriere« bedeutet – aus dem Lateinischen – »Fahrstraße«. Wege können in viele Richtungen führen, nicht nur nach oben. So werden wir auch »Karriere« definieren müssen: eben nicht als einen unaufhaltsamen Weg nach oben – sondern als Chance, seine Talente, seine Fähigkeiten, seine Kompetenzen bestmöglich einzubringen.

So gesehen schaffen wir mehr Möglichkeiten für Karrieren, nämlich mehr Möglichkeiten für alle, Verantwortung zu übernehmen. Darum geht es. Karriere heißt heute: Verantwortung zu übernehmen. Verantwortung für eine Gruppe, Verantwortung für ein Thema. Verantwortung für das Unternehmen.

Karriere heißt aber auch, sich weiterzuentwickeln, sich fachlich zu verbessern, »jeden Tag ein bisschen besser zu werden«. Auch das steht in der Verantwortung jedes Mitarbeiters, jeder Mitarbeiterin.

Karriere heißt also nicht mehr: schöner Titel auf der Visitenkarte. Karriere heißt: Werde besser in dem, was du tust, leiste deinen Beitrag und übernimm Verantwortung!

ZEHNTES TRÜMMERTEIL: »REGELN«

Auf was wir nicht verzichten, sind Regeln. Wir sind große Verfechter von Regeln. Wissen Sie, warum? Weil man Regeln eben auch mal brechen kann und auch muss.

Wir haben im Unternehmen einmal die Regel diskutiert, dass keiner bei uns Karriere macht, der nicht im Ausland war, der nicht an einem unserer internationalen Standorte tätig war. Wer es ablehnt, ins Ausland zu gehen, kann den Kästchen-Aufstieg vergessen. So wollten wir es machen.

Aber die Sache ist die: Das bekommt man nicht immer hin. Wenn Sie einen sehr guten Mitarbeiter oder eine sehr gute Mitarbeiterin haben, der oder die das Potenzial für größere Aufgaben hat, aber zum Beispiel aus familiären Gründen nicht ins Ausland ziehen kann, dann geht Ihnen ein guter Mann oder eine gute Frau verloren.

Obwohl wir weiterhin fest davon überzeugt sind, dass die Erfahrungen eines Auslandsaufenthalts von hohem Wert und eine unschätzbare Bereicherung sind, gerade wenn jemand mehr Verantwortung im Betrieb übernehmen soll, stoßen wir hier in der Realität immer wieder auf die Grenzen von unverrückbaren Regeln. Die wir dann aufweichen müssen.

Und das ist auch gut so! Das Leben eines Menschen lässt sich nicht in ein Organigramm pressen. Und wir können nicht immer nach Schema F vorgehen. Nicht alles lässt sich in eine starre Struktur zwängen.

Wir müssen offen bleiben im Denken, wir sollten uns eben auch von unseren organigrammartigen Denkstrukturen verabschieden.

ELFTES TRÜMMERTEIL: »TRANSPARENZ«

Hier liegt ein Trümmerteil, das in der Welt der Organigramme nicht wirklich zum Strahlen kommt. Was die anderen Abteilungen tatsächlich machen, ist in dieser Welt nicht recht klar. Statt des Wissens herrscht hier der Verdacht: Bestimmt gibt es bei den anderen nicht so viel zu tun. Wenn man sieht, wie gut die personell ausgestattet sind! Und welche Themen sie da bearbeiten, die doch nun wirklich nicht so wichtig sind.

Aber die eigene Abteilung mit ihrer großen Bedeutung für das Unternehmen – die müsste man dringend personell aufstocken. Bei den anderen kann man dafür ja leicht reduzieren. So lauten die typischen Vorschläge.

In der Organigramm-Welt fehlt mit dem Wissen über die Arbeit der anderen auch die Wertschätzung dafür. Es mangelt an Transparenz. Deshalb wollen wir dieses etwas kümmerliche Trümmerteil aus dem Staub holen und zum Strahlen bringen. Wir müssen verstehen, was die anderen machen. Und uns nicht länger die Sicht durch die Boxenwände der Organigramme verstellen lassen.

Wenn wir über die Boxenränder hinwegschauen, stellen sich plötzlich Fragen, zum Beispiel: Kann ich mich mit Ideen und Anregungen in die Arbeit anderer Bereiche einbringen? Kann ich sogar für eine gewisse Zeit in einem anderen Aufgabengebiet mitarbeiten? Oder kann vielleicht jemand aus einem anderen Bereich uns mit speziellem Know-how unterstützen?

Welche Chancen liegen hier für die persönliche Entwicklung! Indem wir über den Rand der eigenen Abteilung blicken. Dafür benötigen wir Transparenz, Durchblick und Durchlässigkeit.

TRANSPARENZ – SCHON LANGE GEÜBT

B. Braun hat sich schon lange der Transparenz verschrieben. Als man das Unternehmen Anfang der 1970er Jahre in eine AG umgewandelt hat, wurde dem Familienunternehmen eine transparente Verfassung gegeben. Seitdem werden auch alle Jahresergebnisse nach innen und außen transparent offengelegt.

Sie werden allen Mitarbeitern in Veranstaltungen und Versammlungen verständlich präsentiert und erläutert. Diese Transparenz gilt auch in der sozialpartnerschaftlichen Zusammenarbeit mit dem Betriebsrat. Es wird überall mit denselben Zahlen gearbeitet. Wir meinen, eine solche Transparenz hat einen außerordentlichen Wert.

Schauen wir doch einmal in die Welt und sehen, wie viele Unternehmen – auch bedeutende Familienunternehmen – aus ihren Ergebnissen ein großes Geheimnis machen. Unser Weg ist ein anderer.

Wir sind überzeugt: Der Zusammenarbeit ist es förderlicher, wenn wir offen miteinander sind und transparent handeln und entscheiden. Auf allen Ebenen. Deshalb wollen wir dieses Trümmerteil erhalten und darauf aufbauen.

NEUAUFBAU

WIE VERANTWOR-
TUNG ALS ANTRIEB
WICHTIGER WIRD
ALS TITEL, POSTEN
UND MACHT

EIN PAAR GRUNDLAGEN

Wir wollen einer Welt, in der zunehmend wieder Patriarchen regieren, in der die rein hierarchische Führung, in der Befehl und Gehorsam plötzlich wieder Einzug halten, etwas Konstruktives entgegensetzen. Denn wer glaubt, Arbeit ließe sich heute nur von oben herab organisieren, wer den »starken Mann« (oder die »starke Frau«) an der Spitze wünscht, den Chef, der allein und wissend weise Entscheidungen trifft, der »Machtworte« spricht, an die sich dann alle Subgeordneten halten, der hat nicht begriffen, dass das auf Dauer nicht mehr funktionieren wird.

Neue Wege und Lösungen entstehen im Team. Wer dabeibleiben will, wer sein Unternehmen erfolgreich in die Zukunft führen will, muss die Teams stärken, muss jede einzelne Mitarbeiterin, jeden einzelnen Mitarbeiter stärken.

Das entspricht auch unserem christlichen Menschenbild. Auch weil wir jedem Menschen Respekt und Wertschätzung entgegenbringen wollen, müssen wir uns von den Organigrammen verabschieden.

BEHANDLE DEN ANDEREN, WIE DU SELBST BEHANDELT WERDEN WILLST, RESPEKTIERE DEN ANDEREN, WIE ER IST.

KOMPLEXITÄT: ALTE MITTEL HELFEN NICHT

Wir haben uns gemeinsam mit unseren Mitarbeitern gefragt: Warum sind Organisationen seit Jahrzehnten unverändert? Welche Konsequenzen hat dieses traditionelle Vorgehen in einer immer komplexer werdenden Arbeitswelt, und wird es dieser überhaupt noch gerecht? Denn eines ist klar: Viele der etablierten und lange Zeit wenig hinterfragten Managementsysteme und hierarchischen Führungsstrukturen stammen aus einer Zeit, die sich grundlegend von der heutigen unterscheidet.

Tatsächlich haben sich beispielsweise die strenge Teilung zwischen Hirn (Management) und Hand (Produktion) sowie die immer kleinere Zerlegung von Arbeitsprozessen in Teilprozesse mit der intensivierten Mechanisierung in Fertigungsbetrieben und der beginnenden Massenproduktion in Fabriken zu Beginn des 20. Jahrhunderts herausgebildet.

Visionäre Unternehmer wie Henry Ford, der die Fließbandarbeit erfand, oder Arbeitswissenschaftler wie Frederick Winslow Taylor haben zu dieser Zeit Erfolgsprinzipien für unternehmerisches Handeln begründet, die lange Jahre genau das taten, was sie versprachen: Sie garantierten stabile Wachstumsraten. Doch ab Mitte der 1960er Jahre setzten Gegenbewegungen ein. Die oftmals rigide Prozesssteuerung von Abläufen mit den einhergehenden Arbeitsbedingungen wurde inzwischen kritisch als Taylorismus bezeichnet. Forderungen nach einer Humanisierung und Demokratisierung der Arbeitswelt wurden laut. Hinzu kamen im ausgehenden 20. Jahrhundert gesellschaftliche Veränderungen wie Globalisierung und Digitalisierung sowie die zunehmende Volatilität der Märkte – nur drei von vielen Gründen, die dazu führten, dass Unternehmen heute in einer immer komplexeren Welt agieren. Die bis dahin etablierten Arbeits- und Organisationsformen sind dieser Komplexität häufig nicht mehr gewachsen.

GESCHWINDIGKEIT: RENNEN UND DABEI STEHEN BLEIBEN

Zugleich wird es immer anstrengender, die alten Arbeits- und Organisationsformen unter den neuen Gegebenheiten zu praktizieren. Das Phänomen, das dabei zu beobachten ist, vergleicht der Ökonom Eric Beinhocker, Direktor des Institute for New Economic Thinking in Oxford, mit dem Land der roten Königin aus Lewis Carrolls Buch *Alice hinter den Spiegeln*. In diesem Land muss man immer schneller rennen, um auf dem Fleck zu bleiben – vorwärts kommt man dabei nicht. Das Resultat in der realen Welt: sinkende Wachstumsraten, erschöpfte Mitarbeiter, ratlose Manager. Und spätestens hier wird deutlich: Es geht bei der Suche nach neuen Arbeitsformen mitnichten nur um die Erfordernisse der Märkte, sondern auch um die Bedürfnisse der Mitarbeiter. Denn was sich abstrakt ausgedrückt und global betrachtet an Symptomen wie sinkenden Wachstumsraten diagnostizieren lässt, kann sich für das Erleben des Einzelnen sehr konkret und wenig erbaulich darstellen.

Kurz und gut: Diese Formen der Zusammenarbeit ergaben für uns schlicht und ergreifend keinen Sinn mehr. Bevor es jedoch um das Entwickeln neuer Strukturen ging, wollten wir zunächst ein gemeinsames Verständnis zukünftiger Zusammenarbeit erarbeiten. Dazu haben wir einige Dinge festgelegt.

UNSERE ANTWORT: ARBEIT NEU DENKEN – SELBSTORGANISIERT

Für uns war früh klar: Wir wollten stärker in Netzwerken statt in Silos arbeiten und denken. Wir wollten unsere Teams dazu befähigen, eigenständiger und selbstverantwortlicher zu handeln, statt sie durch hierarchische Abstimmungsprozesse zu bremsen. Und wir wollten ein viel höheres Ausmaß an Kommunikation und Transparenz miteinander.

Ohne ein Organigramm gelingt uns das, was heute alle wollen: der Umgang mit steigender Komplexität und höherer Geschwindigkeit. Wir sind das beste Beispiel.

B. Braun ist ein Unternehmen, das in 64 Ländern aktiv ist, in dem Tausende Mitarbeiter tätig sind, und in dieser Komplexität besteht die Gefahr, sich zu verlieren, ja von der Komplexität erschlagen zu werden. Auf der anderen Seite müssen wir an Geschwindigkeit gewinnen. Die Innovationszyklen auf dem Gesundheitsmarkt sind rasend, viele Entwicklungen nicht vorhersehbar, und die Vergänglichkeit vieler Innovationen ist hoch. Nicht selten müssen wir schnell mit einem neuen Produkt auf den Markt gehen. Zeit zum Beispiel bei der Qualitätskontrolle einzusparen verbietet sich. Das heißt, wir müssen an anderer Stelle schneller und besser werden. Will sagen: Wir können nicht für jede Entscheidung die Hierarchien abfragen. Wir brauchen flexiblere Organisationsformen. Statt absolute Kontrolle auszuüben und als Führungskraft jede Entscheidung mitzubestimmen, müssen wir die Dinge mehr laufen lassen. Wir müssen nicht lässiger, aber durchlässiger werden.

TASKS & TEAMS – DER WEG ZU EINER NEUEN IDEE

Das Organigramm gesprengt, die Trümmer gesichtet und sortiert, geklärt, was wir erhalten wollen und was auf die Schutthalde gehört, und wichtige grundlegende Überlegungen angestellt – so weit waren wir nun. Jetzt ging es für uns darum, neue Formen der Zusammenarbeit zu finden. Wichtig war, wie es weitergehen konnte.

DER KERN

Im Grunde geht es bei der Umsetzung von Tasks & Teams um eine Sache: Sie müssen immer wissen, wie Sie dem Satz »Ich kann es nur mit mehr Mitarbeitern schaffen« konstruktiv begegnen. Denn dieser Satz ist weit verbreitet in der Organigramm-Welt.

Dazu ein Beispiel. Es liegt ein neues Thema an, Thema X. Das Thema X wird an Abteilung A übertragen, und der erste Reflex ist: Ich brauche mehr Leute in meiner Abteilung. Am besten installieren wir für das Thema X eine eigene Abteilung, weil ein solches Thema so aufwendig, so zeitraubend ist und so viel Manpower bindet, dass es Sinn machen würde, eine eigene Abteilung mit entsprechenden Mitarbeitern aufzubauen.

Genau darauf müssen Sie eingehen. Dem müssen Sie begegnen. Die Reaktion einer Führungskraft kann es jedoch nicht sein, zu sagen: »Dann arbeiten Sie eben mehr, dann muss eben jeder von Ihnen mehr ran. Das ist ja nur für eine überschaubare Zeit, das wird schon gehen.« Das ist sicher nicht die Lösung. Denn Mehrarbeit sorgt für eine weitere Arbeitsbelastung.

Die ersten Antworten sind also die Gegenfragen: Was sind die Aufgaben, die Tasks? Wie sind die Prioritäten? Was gilt es, als Erstes zu tun? Worin liegt der Mehrwert, den wir durch das Bedienen des Themas erzielen? Was können wir weglassen? Und: Was haben unsere internen Kunden davon, wenn wir dieses Thema bearbeiten?

Denn auch das ist ein Nebeneffekt von Tasks & Teams: Wir entwickeln ein anderes Verständnis von der Kooperation im Unternehmen, wenn wir andere Abteilungen als Kunden betrachten. Wenn wir kundenzentrierter denken und handeln, wenn wir Themen »aus der Sicht des Kunden« betrachten. Das hilft ungemein, steigert es doch das Verständnis der jeweiligen Situation einer Abteilung, eines Mitarbeiters. Und die Kundenzentrierung auch innerhalb des Unternehmens ändert ebenfalls die Haltung im externen Austausch mit den »echten« Kunden. Das ist eine neue Haltung, die nicht zuletzt auch von Empathie geprägt ist, davon, dass man sich in die Lage eines anderen versetzen kann.

DER AUFTAKT ZUM NEUSTART

Am Anfang stand für uns die Frage: Warum stehen wir, wo wir stehen? Zu welchen neuen Ufern wollen wir aufbrechen? Und welche Fähigkeiten, welches Vehikel und welches Equipment brauchen wir dazu? Klar war, dass Antworten auf diese Fragen aus den Teams heraus entwickelt werden sollten: Der Prozess hin zur neuen Form der Zusammenarbeit sollte dem Ergebnis ähneln, denn eine komplett aus der Führungsebene übergestülpte Entwicklung hätte den Ansatz konterkariert.

Dass dieser Aufbruch zu neuen Ufern naturgemäß damit einhergeht, die sichere Küste eine ganze Weile aus den Augen zu verlieren, war dabei allen bewusst. Dass dies auch ein gewisses Maß an Unsicherheit sowie Trial-&-Error-Prozesse mit sich bringen würde, ebenso. Aber obwohl es sich um eine Reise mit ungewissem Ausgang handelte, war eines von Anfang an ganz klar: Ein gemeinsames Commitment zu bestimmten Werten wie Transparenz, Vertrauenskultur und Wertschätzung, das ist die Grundvoraussetzung für einen solchen Prozess.

EINIGE GRUNDLAGEN FÜR GUTE ZUSAMMENARBEIT

1. Behandle den anderen, wie du behandelt werden willst.
2. Nur wer lobt, hat auch das Recht zu kritisieren.
3. Nur das beste Argument zählt.
4. Lerne, wie man in unterschiedlichen Kulturen Nein sagt.
5. Beides muss gefördert werden: Teamgeist und Unternehmergeist.
6. Die ganz besondere Anstrengung Einzelner muss die Normalität sein.
7. Nicht die Trennung von Mitarbeitern ist die Lösung, sondern man muss für sie das richtige Einsatzgebiet finden.
8. Es zählt nicht die Anzahl der Stunden unserer Arbeit, sondern es zählen die Ergebnisse unserer Arbeit – setze die richtigen Prioritäten.
9. Traue den Mitarbeitern Arbeiten zu, auch wenn sie in diesem Bereich noch keine Erfahrung haben.
10. Stelle deine Mitarbeiter in die Sonne, dann bekommst du auch genügend Licht ab.
11. Regeln sind ganz wichtig – auch weil man sie brechen kann und manchmal muss.

Vertrauen, Transparenz und Wertschätzung sind die Werte, die wir bei B. Braun seit einigen Jahren schon für Zusammenarbeit definiert haben. Sie wollen wir mit neuem Leben füllen und in der Praxis zeigen, wie die neue Zusammenarbeit aussieht. Wir haben bei B. Braun schon lange vor Tasks & Teams einen Grundstein für eine solche Entwicklung gelegt. So lautet unser Unternehmens-Claim seit 2003: »Sharing Expertise«. Tasks & Teams ist da nur die konsequente Weiterentwicklung. Gefragt ist in diesem Prozess vor allem auch ein gewisses Maß an Beweglichkeit und Anpassungsfähigkeit. Gerade bei den Erfahrenen.

UNZÄHLIGE NUANCEN

Sicher ist: Auch wenn wir sehr überzeugt von Tasks & Teams sind – dogmatisch sind wir nicht vorgegangen und werden dies auch weiterhin nicht tun. Was wir machen, ist nicht schwarz-weiß. Tasks & Teams bedeutet ja gerade nicht, alles Bisherige radikal über Bord zu werfen. Zwischen einer hierarchisch gesteuerten Organisation mit traditioneller Weisung und Kontrolle und einer agilen Selbstorganisation in Reinform gibt es unzählige Nuancen, die – je nach Umfeld, Ausgangssituation und Erfordernissen – sinnvoll sein und auch nebeneinander existieren können. Unsere Aufgabe ist es, die Nuancen für verschiedene Bereiche unseres Unternehmens auszuloten, immer zu fragen: Was kann beibehalten werden, was muss runderneuert werden? Darin liegt die Aufgabe.

Denn die Komplexität der modernen Arbeitswelt können wir nicht auf die Belegschaft abwälzen und sie damit überfordern. Die Antwort auf die Komplexität der Arbeitswelt ist vielmehr eine Neuorganisation im Sinne von Aufgabenverteilung in Teams. Und wenn Sie wie wir damit anfangen, werden Sie feststellen, wie beharrlich das alte System wirkt, wie viel Mühe es bereitet, Arbeit neu zu koordinieren. Nach wie vor organisieren Unternehmen ihr Geschehen ausschließlich in Hierarchien und Organigrammen.

ÜBER AUFGABEN UND MITARBEITER

Klar war für uns, dass wir eine selbstorganisierte, agile Form der Zusammenarbeit schaffen wollten, die durch Eigenverantwortung, Transparenz und Vertrauen gekennzeichnet ist. Und die nicht durch Hierarchien, sondern durch Rollen und Verantwortlichkeiten bestimmt wird.

Ausgehend von der Frage, wie viel Verwaltung sich ein Unternehmen leisten kann, suchten wir nach der Alternative. Eine weitere Sache war klar: Wir organisieren die Arbeit neu und forcieren die Teamarbeit. Über die Teams wollen wir die Luft aus den aufgeblähten Verwaltungen lassen. Es braucht keinen Einstellungsstopp, es braucht nicht wieder und wieder neue Abteilungen. Wir brauchen Teams. Und den Teams werden Aufgaben zugeordnet. Das Prinzip ist sehr simpel: Es gibt einen Task, eine Aufgabe. Und es gibt ein Team, das diese Aufgabe übernimmt. Es gibt keine starren Zuordnungen und Silos mehr. Auf ein gewisses Maß an disziplinarischen Zuordnungen in Abteilungen können wir weiterhin nicht verzichten, aber wir wollen es auf ein Minimum begrenzen. Wer was macht, wird, wenn nötig, neu ausgelotet. Wir nennen diese neue Form der Zusammenarbeit Tasks & Teams.

Was Tasks & Teams ist, was es kann und wie wir es dann in Form von »Circles« umgesetzt haben, das erklären wir im Folgenden. Zu diesem Zweck müssen wir gelegentlich noch einmal Ausflüge in die alte Welt des Organigramms unternehmen. Denn im Kontrast mit wesentlichen Merkmalen des Alten wird deutlicher, was das Neue so besonders macht.

DIE DREI WICHTIGSTEN ARGUMENTE, UM DEN TASKS & TEAMS-PROZESS ZU BEGRÜNDEN

Sie verbessern damit die Effizienz der Organisation.
Sie verbessern damit die Effektivität des Systems.
Sie verbessern damit die Selbstwirksamkeit jedes Mitarbeiters.

DAS ALLERWICHTIGSTE ARGUMENT, UM DEN TASKS & TEAMS-PROZESS ZU BEGRÜNDEN

Sie verbessern damit den Umgang mit steigender Komplexität. B. Braun ist in 64 Ländern vertreten. Bei uns sind 63 000 Mitarbeiter beschäftigt. Wir schützen und verbessern die Gesundheit mit 5000 Produktgruppen und mehr als 120 000 Artikeln. Wir produzieren heute in 111 Fabriken in 26 Ländern. 95 Prozent der verkauften Produkte werden selbst hergestellt. Wir sind in vier Sparten organisiert und auf allen Erdteilen unterwegs. Wir haben eine ausgeprägte Matrix-Struktur. Allein die Zahlen zeigen, wie groß die Gefahr ist, sich in Komplexität zu verlieren. Die Gefahr, Beweglichkeit zu verlieren und auf Veränderung kaum oder nur sehr schwer reagieren zu können. Doch Geschwindigkeit ist heute das entscheidende Kriterium. Es gilt, auf Neuerungen schnell und agil zu reagieren. Komplexe, starre Organigramm-Strukturen lassen das nicht zu. Wer im Sinne einer Matrix-Struktur an der 110-prozentigen, mit allen relevanten Führungsetagen im Detail abgestimmten Lösung arbeitet, verliert vor allem eines: Zeit.
Zeit, die man nicht mehr hat. Wir müssen als Unternehmen schneller und beweglicher werden, um nicht von der Komplexität erschlagen zu werden.

TAUGE ICH ZUM TASKS & TEAMS- MITARBEITER?

Lesen Sie die Sätze genau durch und entscheiden Sie, welchem Satz Sie zustimmen können – dann notieren Sie ein »Ja«. Anschließend lesen Sie gründlich die Auswertung, und Sie wissen, ob Sie das Talent zum Tasks & Teams-Mitarbeiter haben.

	ja	nein
Ich finde es gut, viel Macht zu haben.	☐	☐
Ich glaube, dass Mitarbeiter nur arbeiten, wenn man sie ordentlich antreibt.	☐	☐
Ich brauche klare Regeln, feste Strukturen.	☐	☐
Ich will in meiner Filterblase bleiben.	☐	☐
Ich möchte mein Wissen für mich behalten.	☐	☐
Ich habe immer grandiose Ideen, aber keiner folgt mir.	☐	☐
Ich kann alle Probleme alleine lösen.	☐	☐
Es muss immer einen starken Mann oder eine starke Frau an der Spitze geben.	☐	☐
Ich achte und respektiere meinen Tellerrand.	☐	☐

Auswertung

Wenn Sie mehr als einmal Ja gesagt haben, sollten Sie sich Ihr Engagement bei Tasks & Teams noch einmal durch den Kopf gehen lassen.

TAUGE ICH ZUM TASKS & TEAMS-MITARBEITER?

Lesen Sie die Sätze genau durch und entscheiden Sie, welchem
Satz Sie zustimmen können – dann notieren Sie ein »Ja«.
Anschließend lesen Sie gründlich die Auswertung, und Sie wissen,
ob Sie das Talent zum Tasks & Teams-Mitarbeiter haben.

	ja	nein
Ich kann anderen gut vertrauen.	☐	☐
Ich respektiere die Ideen anderer.	☐	☐
Ich höre anderen zu.	☐	☐
Ich kann Unsicherheiten aushalten.	☐	☐
Ich muss mich nicht immer einem Chef andienen.	☐	☐
Ich finde es normal, ungewohnte Wege zu gehen.	☐	☐
Ich entwickle die Zusammenarbeit gerne gemeinsam weiter.	☐	☐

Auswertung
Wenn Sie hier mehr als einmal Ja gesagt haben: Herzlich willkommen
bei Tasks & Teams!

TASKS – DIE AUFGABEN STEHEN IM MITTELPUNKT

In der alten Welt der Organigramme ist die Arbeit in Kästchen organisiert. Das Organigramm spiegelt die Arbeitsteilung betrieblicher Aufgaben wider. Es hilft damit auch, die betrieblichen Entscheidungswege aufzuzeigen. Mit den vielen Kästchen eines Organigramms sind meistens auch ausführliche »Stellenbeschreibungen« verbunden. Organigramm und Stellenbeschreibung regeln bis ins Detail die Zuständigkeiten – eines Bereichs, einer Abteilung und eines jeden einzelnen Mitarbeiters. Damit gibt es Klarheit im Betrieb hinsichtlich der Frage: »Wer macht was?«

Lassen sich die vielfältigen Aufgaben, die heute im unternehmerischen Geschehen zu bewältigen sind, so in optimaler Weise organisieren? Wir beantworten diese Frage mit einem ganz klaren Nein!

Der wichtigste Leitgedanke von Tasks & Teams ist: Wir hinterfragen die Arbeit. Als wir mit der Umsetzung von Tasks & Teams begannen, wurde uns genau das bewusst: Wir sollten Arbeit hinterfragen – nicht die Mitarbeiter!

Die Arbeit hinterfragen – das ist mehr, als beim Joggen eine neue Route zu laufen oder mal den anderen Joghurt im Supermarkt auszuprobieren oder einen anderen Golfschläger. Arbeit zu hinterfragen, das geht an das Fundament, da werden grundsätzliche Fragen gestellt:

› Was machen wir?
› Wie machen wir es?
› Warum machen wir es?
› Welche Priorität hat das, was wir machen?
› Wie könnten wir die Arbeit besser aufteilen?

Ja, es sind oft sehr banal wirkende Fragen, die einen Wandel einleiten. Es sind gerade die harmlos klingenden Fragen, die alles auf den Kopf stellen können. Bei näherer Betrachtung sind diese Fragen aber gar nicht banal. Und am Anfang solche Fragen zu stellen, das ist wichtig. Auch weil damit vor allem eines signalisiert wird: Wir haben nicht das Patentrezept. Wir verordnen nicht einfach einen Wandel. Nein, wir signalisieren, dass wir uns auf den Weg gemacht haben, ausgestattet mit einem Leitgedanken, aber nicht ausgestattet mit dem Wissen: Genau so wird es sein, genau so müssen wir es machen. Das entspräche auch nicht dem Gedanken von Tasks & Teams. Im Team sollen die Wege ausgelotet werden. Nicht im Kopf einer Führungskraft, die vermeintlich weiß, was gut und richtig ist.

Wer die Arbeit hinterfragt, macht eine erstaunliche Entdeckung: Man kann sich auch von Arbeit trennen. Das ist nicht so gefährlich, wie es klingt. Niemand gibt gerne Aufgaben ab, keine Abteilung will auf Zuständigkeiten verzichten. Der Verzicht darauf wird als Machtverlust angesehen. Auch wenn in der anderen Abteilung gerade Manpower frei ist und man ein gutes Team zusammenziehen könnte. Stattdessen überlastet man die eigenen »Untergebenen«. Niemals etwas abgeben – schon gar nicht das, was man sich mühsam erkämpft hat. Das ist ein Gedanke aus der alten Welt des Organigramms. Deshalb werden Sie in der Organigramm-Welt nie wirklich die Arbeit reorganisieren können.

WAS IN DIE KÖPFE MUSS: ALLEM LIEGT DAS MINDSET ZUGRUNDE, DASS WIR NUR GEMEINSAM STARK SEIN KÖNNEN UND UNSERE KRÄFTE UND KOMPETENZEN BEREICHSÜBERGREIFEND BÜNDELN MÜSSEN. TUN WIR DAS NICHT, WERDEN DIE MITARBEITERINNEN UND MITARBEITER AUCH KEINE VEREINZELTEN TASKS & TEAMS-AUFGABEN ÜBER IHR DISZIPLINARISCHES TEAM HINAUS ÜBERNEHMEN.

WAS IST WICHTIG?

Was hat Priorität? Für welche Arbeit benötigen wir rasch Unterstützung? Wo finden sich noch zwei Kollegen, die mitwirken, damit wir schneller durch sind? Keiner soll die lange Tour durch die Zuständigkeiten antreten, um dann zu hören: »Nein, da kann ich nicht mitmachen, das fällt nicht in meinen Aufgabenbereich.« Das ist ein Satz, der auch weggesprengt gehört.

Stattdessen überzeugen solche Sätze: »Ja, ich habe Zeit, was ich gerade mache, muss erst nächste Woche fertig sein.« Das ist das Delegieren nach Aufgaben, nicht nach Kästchen-Zugehörigkeit. Entscheidend ist die Priorität. Was ist wichtig? Was trägt am meisten zu unserem Sinn und Zweck als Bereich bei?

First things first. Und wer das Denken in Prioritäten verinnerlicht, beschleunigt die Entscheidungen. Was muss als Erstes bearbeitet werden – und wer sind die Leute, mit denen man das umsetzen will? Entscheidungen werden durch Tasks & Teams anders getroffen, manches Mal auch schneller getroffen. Vor allem auch, weil Prioritäten anders gesetzt werden. Weil Stakeholder und Kunden immer mehr im Fokus stehen. Die neuen Formen ermöglichen eine flexible Zuteilung von Arbeit, unabhängig von Zuständigkeiten.

Das hat im Grunde nur positive Auswirkungen. Es wird das Projekt angegangen, das wichtig ist. Nicht das Projekt, das dem Vorgesetzten besonders am Herzen liegt, nicht das, in dem er sich gut auskennt. Diese schleichende Prioritätsverschiebung hat nicht wenige Entscheidungsfindungen in der Vergangenheit in die Länge gezogen. Es war immer etwas wichtiger, immer musste noch etwas anderes erst entschieden werden.

KRITERIEN ZUR BEWER-TUNG VON PROJEKTEN IM BEREICH CORPORATE HUMAN RESOURCES

Liefert das Projekt einen Beitrag zur Konzernstrategie 2020?
(Profitabilität/Systempartnerschaft/Zusammenarbeit)
Punkte: 2 – Ja; 0 – Nein

Welchen Fokus hat das Projekt?
Punkte: 2 – Global; 1 – Regional; 0 – National

Trägt das Projekt zur Harmonisierung/Standardisierung bei?
Punkte: 1 – Ja; 0,5 – Teilweise; 0 – Nein

Trägt das Projekt zur Digitalisierung bei?
Punkte: 1 – Ja; 0,5 – Teilweise; 0 – Nein

Unterstützt das Projekt den kulturellen Wandel?
Punkte: 1 – Ja; 0 – Nein

Trägt das Projekt zur Gewinnung, verbesserten Rekrutierung,
Entwicklung oder der Bindung der passenden Mitarbeiter bei?
Punkte: 1 – Ja; 0 – Nein

Kommt die Beauftragung durch den Vorstand/Aufsichtsrat?
Punkte: 1 – Ja; 0 – Nein

WIE SICH TASKS UND PROJEKTE ZUEINANDER VERHALTEN

Tasks sind zunächst ganz allgemein alle Aufträge und Aufgaben, die wir uns vornehmen oder die an uns herangetragen werden. Projekte zeichnen sich durch zeitliche Begrenzung aus. Und dadurch, dass die Aufgabe durch ihre Komplexität und Neuartigkeit am besten in fachübergreifender Teamarbeit bewältigt werden kann.

Nicht alle Tasks sind daher Projekte. Es gibt wiederkehrende Tasks, die in einem Fachbereich bewältigt werden können. Es gibt auch wiederkehrende Tasks, die am besten fachübergreifend bewältigt werden können. Und es gibt einmalige Aufgaben, für die zwar ein Team erforderlich ist, aber kein fachübergreifendes.

Grundsätzlich schauen wir bei jedem Thema zunächst, ob mehrere Personen zur Bearbeitung nötig sind. Falls ja, organisieren sie sich so, dass die Aufgabe bestmöglich bearbeitet werden kann. Das kann eine klassische Projektstruktur sein oder etwas anderes. Je nachdem, was das Thema erfordert und wie das Team am besten zusammenarbeiten kann.

Was hingegen wirklich wichtig ist: dass wir uns vornehmen, für das jeweilige Thema das richtige Team zu finden, ohne dabei kontinuierlich neue Stellen und Abteilungen zu schaffen. In manchen Themen und Bereichen kann weiterhin ein disziplinarisches, funktionales Team mit klassischer Führungskraft Sinn machen, dessen Mitglieder lediglich zu Hoch- und Tiefzeiten der Arbeitsauslastung entlastet werden oder in anderen Bereichen aushelfen. In anderen Bereichen machen eine hohe Beweglichkeit in der Struktur und ein sehr hoher Grad an Selbstorganisation mehr Sinn.

Entscheidend ist, dass nun die Prioritäten neu gesetzt werden, und zwar übergreifend für den gesamten Bereich. Nicht von einer Führungskraft und einzelnen Silos. Und wer diese neue Form der Zusammenarbeit einmal erlebt, wer sieht, wie jeder Einzelne und auch das Unternehmen davon profitieren kann, der will nicht mehr zurück ins Kästchen-Wesen.

TEAMS – ZUSAMMENARBEIT NEU ORGANISIEREN

Das ist der große Schritt: Menschen machen lassen. Die Dinge laufen lassen. Das fordert die Führungskraft. Und es ist eine Herausforderung für Mitarbeiter: Sich selbst organisieren. Nicht warten, dass der Chef, die Chefin sagt, was zu tun ist – und vor allem, wie es zu tun ist.

DIE SELBSTORGANISATION – HERAUSFORDERUNG UND CHANCE

Selbstorganisation, das heißt: Hier treten Eigenschaften zutage, die lange verschüttet waren, wie beispielsweise Neugier, aber auch Mut. Der Mut, neue Wege zu erforschen, und auch der Mut, unbekannte Aufgaben zu erfüllen – und eben nicht auf den ausgetretenen Wegen weiterzugehen.

Dazu gehört auch, sich im Team eine eigene Ausrüstung, eine eigene Wegekarte zu entwickeln, ja einen eigenen Kompass zu justieren.

Das Team hat eine Aufgabe zu erfüllen – und es organisiert, wie es zum Ziel kommt. Darin liegen viele Chancen. Plötzlich stellen Mitarbeiter zum Beispiel fest, wie gut sie ein Team moderieren können.

Der weitere Aspekt der Selbstorganisation ist das Abstecken von Zielen, das Übernehmen von Verantwortung, das Ausloten von Zeiträumen. Das ist nicht mehr das Ergebnis einer Vorgabe: »Bis zum Zwanzigsten will ich da ein Ergebnis sehen!« Es ist nicht mehr das Dasein als ausführendes Organ: »Und dann nehmen Sie noch den Schmidt dazu und die Meyer. Und nutzen Sie dafür die neue Software!« Das wäre dann vorbei.

In Tasks & Teams geben sich die Teams selber die Deadlines und lassen den Vorschlag in der Regel nach dem Konsent-Prinzip in einem Entscheidungsgremium absegnen. Dabei wird meistens diese Frage gestellt: »Das ist unser Vorschlag. Spricht etwas dagegen, dass wir so weitermachen?«

Neben dem Konsent nutzen wir aber auch andere Verfahren der Entscheidungsfindung, zum Beispiel Konsens oder Veto.

WIE WIR ZU ENTSCHEIDUNGEN KOMMEN – UNSERE ENTSCHEIDUNGSPRINZIPIEN

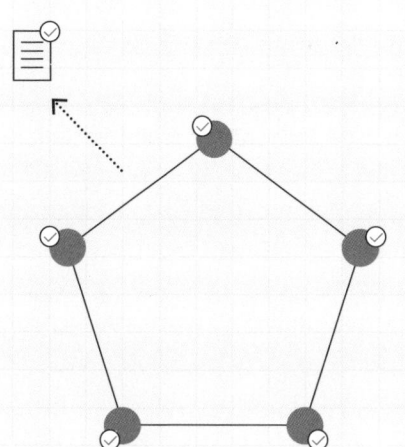

Konsens: Die Gruppe findet eine Entscheidung, der alle Mitglieder uneingeschränkt zustimmen können. Das kann dauern. Bei Entscheidungen mit großer Tragweite ist Konsens anzustreben. Sobald allgemeine Zustimmung herrscht, ist die Entscheidung angenommen.

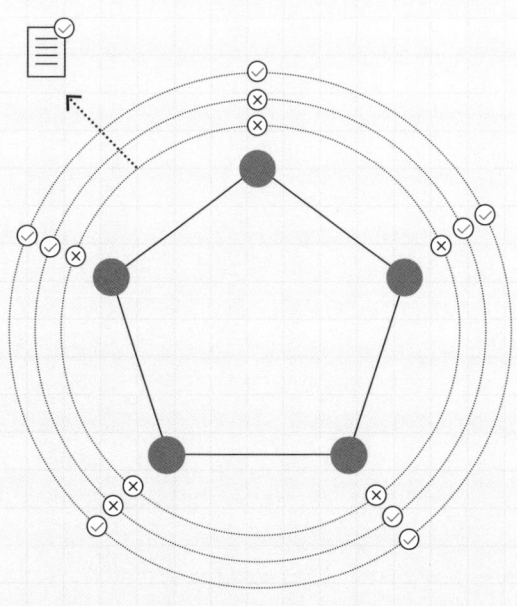

Konsent: Eine Entscheidung wird vorgeschlagen, und anschließend werden in der Gruppe Einwände abgefragt: »Ich schlage vor, XYZ zu tun. Hat jemand schwerwiegende Einwände?« Es geht bei der Antwort nicht darum, was man selbst gern hätte, sondern ob man mit der vorgeschlagenen Entscheidung leben kann. Wenn es Einwände gibt, muss der Grund dafür genannt werden, damit der Entscheidungsvorschlag in einem moderierten Prozess entsprechend angepasst werden kann, bis keine Einwände mehr bestehen. Dadurch werden Entscheidungen systematisch getroffen und ohne lange Diskussionen. Sofern es von Anfang an keine Einwände gibt, ist die Entscheidung angenommen.

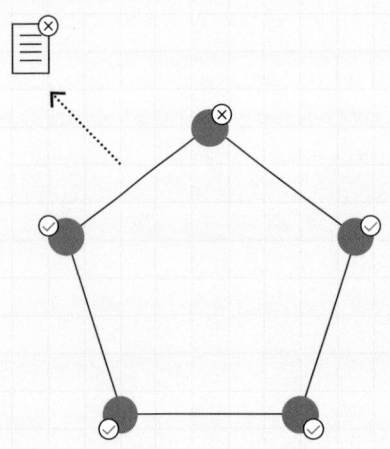

Veto (Schnellkonsent): Gruppenmitglieder können ihr Veto gegen einen Vorschlag für eine Entscheidung einlegen. Das ist sinnvoll und nützlich, wenn eine hohe Zustimmung zu einer Entscheidungsvorlage erwartet wird und der Entscheidungsprozess beschleunigt werden soll (es werden keine neuen Vorschläge erarbeitet). Damit können Entscheidungen auch blockiert oder aufgeschoben werden, wenn sie besonders sensibel oder grundlegend sind (zum Beispiel die Einführung eines neuen Teamprinzips). Sofern es kein Veto gibt, ist die Entscheidung angenommen.

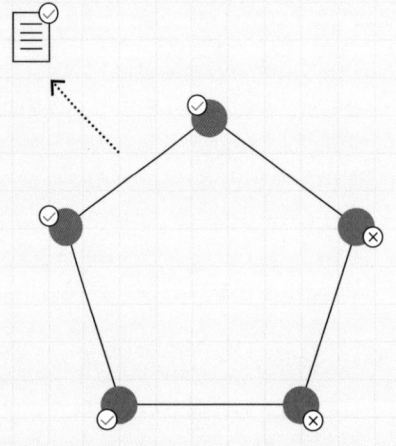

Mehrheitsprinzip: Die Gruppe entscheidet sich nach Abstimmung (jeder hat eine Stimme) für den Beschluss der Mehrheit. Die Mehrheitsabfrage trifft immer eine sofortige Entscheidung, kann jedoch einen hohen Widerstand beinhalten. Bei knappen Mehrheiten muss man wissen: Es gibt deutlichen Widerspruch und die Gefahr einer Oppositionsbildung.

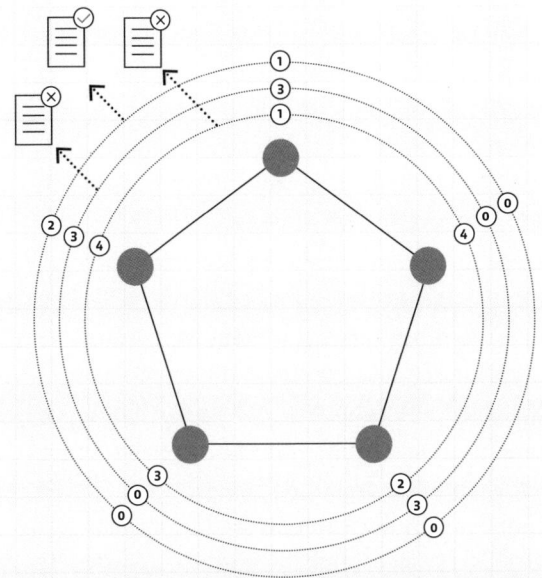

Widerstandsabfrage: Die Gruppe trifft die Entscheidung, die in der Gruppe den geringsten Widerstand erfährt. Der Widerstand zu einzelnen Entscheidungsoptionen wird in der Regel von 0 (kein Widerstand) bis 3 oder 4 (hoher Widerstand) skaliert abgefragt. Dieses kann anonym oder offen erfolgen.

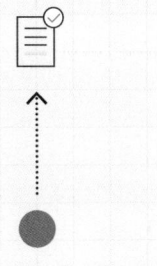

Einzelentscheid: Eine Person/Rolle kann alleine die jeweilige Entscheidung treffen. Es besteht keine Verpflichtung, andere zu konsultieren.

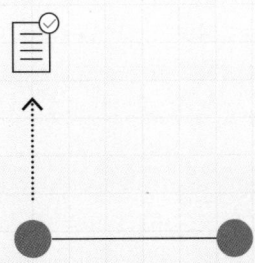

Konsultativer Einzelentscheid: Eine Person/Rolle kann entscheiden, muss aber eine vereinbarte Anzahl an Personen konsultieren. Der Rat dieser Personen ist nicht bindend. Entscheidungen können auf diese Weise relativ schnell getroffen werden, der Konsultationsprozess muss aber klar festgelegt sein.

Die Implementierung der Selbstorganisation ist ein gravierender Änderungsprozess. Dabei kann es durchaus Zurückhaltung, Skepsis und Kritik geben. Viele Mitarbeiter haben sich daran gewöhnt, dass es jemanden gibt, der sagt, wo es langgeht. Das ist ja auch bequemer. Und vor allem: Man muss keine Verantwortung übernehmen. Verantwortung trägt der aus dem oberen Kästchen. Von heute auf morgen wird man daher nur schwer auf Selbstorganisation umstellen können.

Das ist ein behutsamer Prozess. Zumal es keinen vordefinierten Weg gibt. Genau das kann Skepsis hervorrufen: »Was? Wir wollen etwas machen, von dem keiner weiß, wohin es führt, und das mit Methoden, die wir uns selbst überlegen sollen? Ich bin ja schon lange in dem Laden, aber das übertrifft jetzt alles!« Und das werden nicht wenige sagen.

Vor allem wenn klar wird, dass sie auch selbst die Verantwortung für das Gelingen tragen. Hier ist Geduld gefragt, da wird man mit vielen Unsicherheiten umgehen müssen. Aber sobald die Ersten die Vorteile erkennen und erfahren, wie viel angenehmer und produktiver es ist, wenn man ein Thema so angehen kann, wie man das schon immer wollte, aber nicht durfte, dann wird die Überzeugungsarbeit immer leichter.

TEAMS OHNE ANGST

Die Arbeit zu reorganisieren, das würden Sie in der Organigramm-Welt nur schaffen, wenn der harte Sanierer kommt. Mit harter Hand würde jener aber nicht nur die Arbeit reorganisieren – er würde vor allem Personal abbauen. Nach nüchterner Analyse würden Abteilungen eingespart oder zusammengelegt und Kolleginnen und Kollegen »freigesetzt«. Das wollen wir nicht. Das müssen wir auch nicht. Was wir wollen und was wir können, ist, die Arbeitsorganisation jenseits von Organigrammen ständig weiterzuentwickeln, um niemals einen jener Sanierer ins Haus holen zu müssen. Zumal wir dann ein Klima der Angst hätten.

Das widerspräche nicht nur dem Selbstverständnis und der Ethik von B. Braun, das wäre auf lange Sicht auch immer kontraproduktiv. Denn kein Mensch kann kreativ sein in einem Klima der Angst. Keiner wagt einen Wandel, wenn er Angst vor Konsequenzen haben muss. Nein. Ein Klima der Angst ist der helle Wahnsinn. Man kann es auch so sagen: Mit Tasks & Teams sind wir dabei, das Gegenteil von Angst zu etablieren: Freiheit. Mitarbeitern mehr

Freiheit zu ermöglichen macht Unternehmen kreativer, produktiver und erfolgreicher.

Mitarbeitern die Freiheit lassen, selbst zu entscheiden. Mitarbeitern die Freiheit geben, Verantwortung zu übernehmen. Das ist der Switch im Kopf: Gib ihnen Freiheit, vertraue ihnen, dass sie die Freiheit nicht missbrauchen. Der Kontrollwahn engt ein, Freiheit weitet den Blick. Selbstverständlich schließt das auch die Freiheit ein, Fehler zu machen.

Denn wer auch mal danebenliegen darf, ohne Repressalien befürchten zu müssen, wird seine Aufgaben unbefangener angehen. Und wird auch selbstverständlicher Verantwortung übernehmen.

EINEN SEHR FEINEN SINN

Wir haben in der Umsetzung von Tasks & Teams bereits die schöne Erfahrung gemacht, dass jemand als Verantwortlicher respektiert wird, obwohl er es laut Organigramm nicht ist, einfach nur, weil er glaubwürdig und engagiert agierte. Menschen haben einen sehr feinen Sinn dafür, ob jemand etwas nur macht, um nach oben zu kommen, oder ob er wirklich für eine Sache brennt. Und wer für etwas brennt, dem folgt man gern. Wer nur berechnend auf den nächsten Posten schielt, dem folgt man notgedrungen. Weil man muss.

Und das ist auch der Grund dafür, dass die berühmte jährliche Gallup-Studie mehr oder weniger immer zum selben Ergebnis kommt – und zwar: Die meisten Arbeitnehmer in Deutschland machen nur Dienst nach Vorschrift. Lediglich ein geringer Prozentsatz fühlt sich emotional an seinen Arbeitgeber gebunden. Die Mehrheit macht das, was Pflicht ist. Mehr nicht. Und vor allem: Ein Großteil hat innerlich schon gekündigt.

Wichtig dabei: Im Zuge der Studie wird immer darauf verwiesen, dass die Motivation der Mitarbeiter vor allem vom Verhalten des Vorgesetzten abhängt. Die wenigsten geben an, dass es den Chefs gelinge, sie zu »hervorragender Arbeit« zu motivieren. Und ein Grund dafür, dass so viele Beschäftigte im Stillen frustriert sind, ist laut Gallup-Studie »die Angstkultur in vielen Unternehmen«. Die Mehrheit der Mitarbeiter würde Probleme nicht besprechen, weil sie Konsequenzen befürchtete.

Aus unserer Sicht ist diese Angst ein Merkmal der alten Organigramm-Kultur – mit bitteren Auswirkungen. Umso wichtiger ist es, durch eine Reorganisation der Arbeit neue Motivation freizusetzen – und das Ganze nicht als eine kurzfristige Lösung zu sehen. Nach dem Motto: »Mal wieder ein Change-Prozess, lästig wie ein Software-Update. Aber das geht vorbei.« Nein. Tasks & Teams bildet das Fundament für das neue Arbeiten.

Nicht nur bei B. Braun. Was wir hier praktizieren, was wir hier angestoßen haben, ist für jedes Unternehmen anwendbar. Denn: Es ist einfach. Wirklich schwierig ist nur, Macht *nicht* abzugeben. Schwierig ist, weiter das zu machen, was man bisher gemacht hat. Schwierig ist, die Kästchen nicht aufzugeben. Leichter ist es, Aufgaben und Verantwortung abzugeben. Denn was Führung in Zeiten zunehmender Komplexität zu schwierig macht, ist das Übermaß an Aufgaben und Verantwortung.

Deshalb ist es Zeit, Aufgaben und Verantwortung »abzugeben« – und auf Mitarbeiterinnen und Mitarbeiter zu verteilen. Zum einen bekommen diese dadurch ein Mehr an Gestaltungsspielraum, zum anderen bietet das Führungskräften die Möglichkeit der Entlastung. Es gibt ihnen Zeit für Aufgaben, die bislang zu kurz gekommen sind, beispielsweise die Mitarbeiterentwicklung oder das Bearbeiten der Frage, wie Hindernisse aus dem Weg geräumt werden können, die Mitarbeiterinnen und Mitarbeiter davon abhalten, in ihrer Arbeit bestmöglich wirksam zu werden. Vor allem bietet es Zeit für die eigentliche Führungsaufgabe: Zielbilder und Visionen zu entwickeln und einen Beitrag zum Erfolg des Unternehmens zu leisten.

»LASST ES UNS PROBIEREN!«

Mitarbeiter können selbst gut entscheiden, wo sie ihre Fähigkeiten am besten einbringen und mit wem sie das gemeinsam tun wollen. Darin liegt der Wandel: Man engagiert sich nicht, weil es das Organigramm so vorschreibt, sondern es verfestigt sich eine völlig andere Haltung. Vom »Du musst mir dienen, weil ich dein Vorgesetzter bin« hin zu einem »Ich will mit dir zusammenarbeiten«. Vom »Du musst dich an meinem Kurs, an meinen Entscheidungen orientieren« hin zu einem »Lass uns unsere Ziele gemeinsam definieren!«. Das ändert die Haltung grundlegend.

EIN SATZ, DER TASKS & TEAMS AUF DEN PUNKT BRINGT:
»WIR SUCHEN UNS FÜR EINE AUFGABE DAS BESTE TEAM.«

Wir bestimmen nicht übereinander, sondern suchen nach dem, was wir vermögen und wie wir das bestmöglich in das Team einbringen können. Es heißt eben auch nicht mehr: »Ihre Idee wird sich nicht durchsetzen, dafür gibt es keinen Markt!« Vielmehr heißt es nun in den Teams: »Lasst es uns probieren. Wenn es nicht klappt, sind wir schlauer und vermeiden beim nächsten Mal einen Fehler.«

Und das ist ein weiterer großartiger Nebeneffekt: Sie installieren eine positive Fehlerkultur, in der ein Mitarbeiter nicht Angst haben muss, einen Fehler zu machen, sondern in der Fehler erlaubt und gewollt sind. Denn nur die Fehler bringen uns weiter. Die panische Fehlervermeidung lässt uns stagnieren.

DAS NEUE VERSTÄNDNIS VON KARRIERE

Für uns ist es wichtig, die Motivation der Menschen neu zu definieren. Mitarbeiter über Geld und Karriereversprechen zu motivieren mag nicht verkehrt sein. Auch das ist Ausdruck von Wertschätzung. Aber es ist eben nicht alles. In vielen aktuellen Umfragen hat sich gezeigt, dass Geld und Karriere sicher nicht unwichtig sind, die meisten Mitarbeiter aber vor allem ein gutes Betriebsklima schätzen. Das gute Arbeitsverhältnis zu Kollegen und Vorgesetzten ist wichtig, nicht zuletzt sind es auch Lob, Feedback, Wertschätzung, die fachliche und persönliche Weiterentwicklung (was nicht zwangsläufig »Karriere« heißen muss), flexible Arbeitszeiten und die Möglichkeit, Leben, Familie und Beruf unter einen Hut zu bekommen.

Schlechte Motivatoren sind Ängste – die Angst vor »dem Chef«, die Angst um den Job, die Angst, etwas nicht zu schaffen. Und die Angst, dass einem keiner die Angst nimmt. Im Grunde ist es ein Zeichen von großer Schwäche, wenn Führungskräfte mit der Angst operieren. Denn stimmt die Umgebung und winkt die Aussicht, sein Potenzial zu verwirklichen und zu zeigen, was man kann, sind Menschen hoch motiviert.

Das haben wir sicher zu lange außer Acht gelassen. Wie auch die Kreativität. Man neigt dazu, die Kreativität seiner Mitarbeiter zu unterschätzen. Außerdem wird Kreativität oftmals nur in den »kreativen« Bereichen als wünschenswert angesehen – also zum Beispiel in Kommunikation und Marketing. Wenn in Unternehmen etwas vernachlässigt wird, dann die schöpferische Leistung und der Einfallsreichtum der Belegschaft. Kreativität ist eine

Ressource, die es dringend zu nutzen gilt, egal in welchem Bereich. Das Gute: Sie ist in Hülle und Fülle vorhanden. Und es ist an jedem Unternehmen, die Kreativität in Gang zu setzen.

Kreativität ist ein Schatz, den es zu bergen gilt. Weil Routinetätigkeiten auch von einer Software übernommen werden können. Weil künstliche Intelligenz früher oder später Teile der Produktion übernehmen kann – wobei die Digitalisierung nicht nur Schrecken verbreitet, sondern im besten Fall den Menschen in den Vordergrund stellt. Denn ein Mensch kann über den Tellerrand hinausdenken, ein Mensch kann querdenken. Eine künstliche Intelligenz wird gefüttert mit dem, was zur Verfügung steht, und kann (bisher) kaum über den Tellerrand hinausdenken.

Ein Mensch aber kann das Vorhandene in einen neuen Kontext überführen. Zum Beispiel im Austausch mit anderen. Zum Beispiel in Teams. Und besonders gut in Teams, die unterschiedlich besetzt, die multidisziplinär sind.

DAS ÄNDERT SICH MIT TASKS & TEAMS

Mehr Eigenverantwortung: Die Teammitglieder sind in der Holschuld. Wer auf dem neuen Stand sein will oder sich in einem Thema weiterentwickeln möchte, muss sich darum kümmern, muss sich einbringen.

Mehr Vorbereitung: Um Meetings sinnvoll und effektiv zu gestalten, bedarf es der guten Vor- und Nachbereitung des Termins (dazu später mehr).

Mehr Disziplin: Weil keiner Befehle erteilt, muss der Einzelne im Verbund mit der Gruppe die Aufgaben diszipliniert organisieren.

Mehr Information: Tasks & Teams funktioniert nur, wenn der/die eine weiß, woran der/die andere arbeitet.

TASKS & TEAMS GEFÄHRDET NICHT IHRE KARRIERE

Wir haben es bereits betont: Organigramme sind gut darin, das Persönliche herauszunehmen. Genau darauf, auf das Persönliche, wollen wir aber nicht verzichten. Wir wollen, dass Mitarbeiter sich mit ihrer Persönlichkeit in ihre Arbeit einbringen können.

Auf der anderen Seite sind Organigramme scheinbar gut darin, »Karrieren« sichtbar zu machen. Auch dies haben wir bereits gesagt: Sofern wir »Karriere« an Äußerlichkeiten bemessen wie der Zahl von Direct Reports, der Führungsspanne, festgelegten Funktionen und Zuständigkeiten – im Sinne von Stellenbeschreibungen, die sich im Organigramm finden –, gefährdet Tasks & Teams durchaus Karrieren. Sobald wir aber »Karriere« neu verstehen im Sinne der Übernahme von Verantwortung für sich und das Unternehmen, die allen offensteht, bietet Tasks & Teams ganz neue Karrieremöglichkeiten. Eben indem sich Mitarbeiter mit ihrer Persönlichkeit in die Arbeit einbringen.

Um das zu erleichtern und die fachliche Weiterentwicklung über Bereiche hinweg zu vereinfachen, hat eines unserer Teams eine App namens People-Link entwickelt, die sich derzeit in der Testphase befindet. Darin können alle ihre Skills in ihrem Profil eintragen, ganz transparent. Außerdem können alle Nutzer der App Tasks einstellen. So können Tasks und die passenden Teams oder Personen ganz einfach unternehmensweit zusammenfinden. Außerdem kann die Personalabteilung die App nutzen, um intern Jobs auszuschreiben.

Das fördert die bereichsübergreifende Zusammenarbeit. Und es kann, gepaart mit dem Tasks & Teams-Mindset, ganz neue Möglichkeiten für alle Mitarbeiter entfalten, sich in Themen einzubringen, an denen sie in ihrer normalen Stelle nie mitgearbeitet hätten.

Bei genauer Betrachtung ist also das Gegenteil der Fall: Tasks & Teams gefährdet keine Karrieren. Es verändert das Denken und Handeln – und es steigert die Anerkennung jedes Einzelnen auf ein bisher nicht gekanntes Niveau. Auch wenn die Fragen zu Vertragsgestaltung, Incentives, Job, Titeln und Karriereplanung noch nicht alle im Detail beantwortet sind.

Zuletzt, und das erscheint uns als einer der wesentlichen Punkte: Der Ansatz macht die Zusammenarbeit effizienter. Der Austausch der Mitarbeiter untereinander ist besser. Und die Stimmung auch.

SELBSTORGANISATION FÖRDERT DIE ENTWICKLUNG

Ein wichtiges Plus ist: Die Mitarbeiter erleben dabei nicht nur, zu was sie in der Lage sind, was sie alles können, sondern auch, wie viel Anerkennung es bringt, Verantwortung zu übernehmen. So trägt die Selbstorganisation ganz wesentlich zu ihrer persönlichen Entwicklung bei.

Durch neue Aufgaben und Kooperationen in interdisziplinären Teams werden Mitarbeiter immer wieder mit neuen Situationen konfrontiert. Situationen, für die sie Lösungen erarbeiten müssen. Kaum etwas trägt mehr zur persönlichen Entwicklung bei als das Meistern einer Herausforderung, die einem zuvor als zu groß erschienen ist. Dabei werden wirkungsvolle Lernprozesse in Gang gesetzt. Deshalb sind diese selbstorganisierten Teams ein großartiger Rahmen, um individuelles Lernen in das tägliche Arbeitsleben zu integrieren. Sie bieten eine fantastische Gelegenheit für alle, ihre Ideen zu äußern und zu prüfen, dabei stetig zu lernen und ihre Erfahrungen zu erweitern.

Das ist das eine, das andere heißt: Jeder ist verantwortlich – und zwar zunächst für sich. Das Arbeiten in selbstorganisierten Teams erfordert ein höheres Maß an Autonomie für jedes Teammitglied, um Aufgaben effizient und effektiv zu erfüllen. Man muss damit zurechtkommen, dass einem nicht ständig einer sagt, was zu tun ist. Befehl und Kontrolle haben sich überlebt. Das heißt aber nicht: Füße hoch und schaun mer mal.

THEMEN ZIEHEN UND SICH ZEIGEN KÖNNEN

Die Mitarbeiter erhalten mehr Freiheit, müssen aber auch proaktiv Verantwortung übernehmen. Das fängt schon mit der Aufgabenverteilung an: Wenn niemand einen zu einer Tätigkeit verdonnert, muss man selbst wählen, was man tun will. Mitarbeiter im Tasks & Teams-Modus »ziehen« sich ihre Themen, an denen sie mitwirken wollen. »Pull« heißt die Devise. Es liegt an ihnen, Ausschreibungen zu verfolgen, sich in Themen einzubringen und damit auch ihre eigene Entwicklung zu fördern.

Sich darauf zu verlassen, dass es in dem Unternehmen eine Führungskraft gibt, die einen an der Hand nimmt, einen fördert, wenn man brav und schnell seine Aufgaben bewältigt, wäre ein Irrglaube. Der Einzelne hat es selbst in der Hand, wohin ihn seine Arbeit führt.

Das kann ein Risiko sein. Manch einer kann Gefahr laufen, unter die Räder zu kommen. Auf der anderen Seite sind die Möglichkeiten so vielfältig, dass sich selbst für weniger Engagierte ein neues Thema ergibt, in dem sie zeigen können, was sie draufhaben. Mit der neuen Aufgabenverteilung muss der Einzelne nicht immer darauf warten, endlich zeigen zu können, was in ihm steckt – und spätestens bei der Verrentung feststellen, dass einem das leider doch nicht geglückt ist. Jetzt kann das endlich gezeigt werden. Zum Wohl des Unternehmens. Und zur Zufriedenheit der Mitarbeiterin, des Mitarbeiters.

ERWACHSENE MENSCHEN WISSEN, WAS ZU TUN IST

Ein Betriebsrat reagiert oft empfindlich darauf, wenn Sie mit einer vermeintlichen Neuerung Mitarbeiter zusätzlich belasten wollen. Denn häufig verbirgt sich hinter schillernden New-Work-Konzepten nur ein Mehr an Arbeit. Deshalb haben wir den Betriebsrat von B. Braun früh einbezogen. Er hat positiv darauf reagiert, als wir Tasks & Teams vorstellten. »So wie es von Ihnen angedacht ist, so wie es jetzt schon ist, kann man keinen Anstoß daran nehmen«, hieß es.

Denn wir sind ja dabei, die »Emanzipation« unserer Mitarbeiter zu ermöglichen. Sodass sie eben künftig nicht mehr fragen, ob man ihre Mails gegenliest, sodass man sie nicht an die Hand nehmen oder ihnen auch karrieremäßig den Weg durchs Unternehmen bahnen muss. Tatsächlich wird das Gegenteil der Fall sein. Wir haben es mit erwachsenen Menschen zu tun, die wissen, was sie können, was sie wollen und was sie bereit sind, für das Unternehmen zu geben. Und Erwachsene schätzen es sehr, auch als Erwachsene behandelt zu werden.

INTERVIEW MIT PETER HOHMANN, BETRIEBSRATSVORSITZENDER, UND ALEXANDRA FRIEDRICH, STELLVERTRETENDE VORSITZENDE DES BETRIEBSRATS DER B. BRAUN MELSUNGEN AG

Die Arbeitswelt verändert sich – und das mit zunehmender Geschwindigkeit. Mit Tasks & Teams wollen wir auf eine selbstbestimmte Art und Weise mehr Flexibilität in der Arbeitsorganisation erreichen. Was sollte bei der sozialpartnerschaftlichen Gestaltung von New-Work-Initiativen beachtet werden?

Die zunehmenden Veränderungen in der Arbeitswelt machen auch vor unseren Werkstoren nicht halt. Daher ist es erforderlich, dass auch wir uns verändern. »Wenn wir uns nicht verändern, verändern uns andere.« Tasks & Teams ist der richtige Weg, und der Betriebsrat unterstützt diesen Weg.

Es geht darum, Verantwortung auf die Kolleginnen und Kollegen zu übertragen und unseren Beschäftigten mehr Flexibilität, Freiraum und Selbstorganisation zu ermöglichen. Wir sind davon überzeugt, dass die Kolleginnen und Kollegen die besten Ideen haben, wie man Themen umsetzen kann. Das sollten wir nutzen. (»An das Gold in den Köpfen der Beschäftigten herankommen.«)

Welche Rolle spielen Sie als Betriebsrat auf diesem Weg?

Neben der unterstützenden Rolle hat der Betriebsrat auch eine schützende Funktion. Zum Beispiel wenn es darum geht, Grenzen zu beachten. So ist es trotz vermehrter Flexibilität und Eigenverantwortung auch weiterhin erforderlich, dass Arbeitszeitregelungen eingehalten werden. Die zeitliche Flexibilität darf nicht zuungunsten der Beschäftigten gelebt werden.

Welche Chancen sehen Sie in der selbstorganisierten Zusammenarbeit nach Tasks & Teams?

Tasks & Teams ermöglicht den Beschäftigten, neue Aufgaben zu übernehmen, sich nach der individuellen Motivation zu engagieren und die eigenen Kompetenzen verstärkt einzubringen sowie neue Dinge zu erlernen (Humanisierung der Arbeitswelt). Diesen Blick über den Tellerrand finden wir als Betriebsrat sehr wertvoll. Allerdings werden wir in diesem Zusammenhang auch darauf achten, ob sich die Anforderungen an eine Funktion grundlegend ändern, was eine Umgruppierung rechtfertigen würde.

Tasks & Teams erfordert allerdings auch eine veränderte Form der Führung, konkret ein verstärktes Loslassen der Führungskräfte und Vertrauen in die Beschäftigten. Nur wenn ein entsprechendes Umdenken in den Köpfen der Führungskräfte passiert, können die Beschäftigten den Freiraum sinnvoll nutzen und eigenständiger agieren. Auch müssen die Führungskräfte von dem Anspruch abrücken, dass sie als Vorgesetzte die besten Ideen haben müssen. Es ist wichtig, dass unsere Führungskräfte in diesem Wandel Begleitung und Unterstützung erhalten.

Unklar oder offen ist noch, wie Tasks & Teams als neue Form der Zusammenarbeit mit den klassischen Instrumenten (zum Beispiel Mitarbeiterjahresgesprächen und Zielvereinbarungen) harmoniert. Hier sollen Antworten im Sinne der Beschäftigten gefunden werden.

Grundsätzlich handelt es sich nach Ansicht des Betriebsrates bei Tasks & Teams um einen guten Ansatz. Aber mit Blick auf die Produktionsbereiche ist es nicht so neuartig. Dort gibt es schon lange die sogenannte »Arbeitsorganisation Gruppenarbeit«, bei der es darum geht, selbstständig und eigenverantwortlich Ziele zu erreichen. Der Druck in der Produktion, die Herstellkosten im Griff zu behalten und kontinuierlich besser zu werden, hat möglicherweise dazu geführt, dass man in diesem Bereich schon früher andere Formen der Zusammenarbeit implementiert hat. Mit Tasks & Teams reagieren wir jetzt auch in den übrigen Bereichen auf die zunehmende Komplexität, die sich aus der veränderten Arbeitswelt ergibt, und legen dabei den Fokus auf Agilität und Selbstverantwortung.

VORTEILE DER SELBSTORGANISATION

Neben dem Wert für den Einzelnen steigt durch Selbstorganisation die Effizienz allgemein. Selbstorganisierte Teams sind in der Lage, flexibler, effizienter und lösungsorientierter auf eingehende Aufgaben und Projekte zu reagieren. Sie profitieren von agilen Prozessen, die zu kreativen Lösungen führen, und der höheren Verantwortung der Teams, die in der Lage sind, direkte Entscheidungen zu treffen, anstatt die Entscheidung an das Management weiterzuleiten. Denn dort lauert der Engpass, der Flaschenhals, dort türmen sich die Dinge, die schnell entschieden werden sollten.

Und das lähmt. Deshalb haben wir wendige Selbstorganisationen installiert, die Entscheidungen schnell herbeiführen können.

Ein selbstorganisiertes Team verfügt über eine Reihe von Strategien für den Umgang mit Problemen und Chancen – wenn man sich in grundlegenden Fragen einig ist. Dazu gehören in erster Linie die Fragen wie »Kann ich mit den Leuten in meiner Gruppe? Vertraue ich den Kolleginnen und Kollegen? Und traue ich diesem Team zu, als Gruppe gut durch das Projekt zu gehen?«

Wichtig ist vorab immer, dass man klare Ziele und Zeitpläne festlegt – und zwar für jedes Projekt, für jede Aufgabe, ja für jede Besprechung. Das ist der Wesenskern der Selbstorganisation: klar definierte Ziele. Ziele sind auch in Linienorganisationen wichtig, aber in der Selbstorganisation wird es alltäglich, zu reflektieren, was man macht und warum man es macht. Denn wenn der da »oben« wegfällt, der die Ziele vorgibt, muss die Lücke gefüllt werden.

MEETINGS – PRÜFSTEINE DER SELBSTORGANISATION

Gute Selbstorganisation heißt auch, dass Meetings effizienter werden müssen. Deshalb müssen »Tagesordnungen« schon zum Start der Besprechung geklärt werden. Es muss klar geregelt werden, wie viel Zeit die jeweiligen Themen und Fragen beanspruchen. Und ganz elementar: Die Gruppe muss Grundsätze der Entscheidungsfindung formulieren. Wie kommen wir zu einer Entscheidung? Das müssen selbstorganisierte Teams genau klären. Auch sollte eine Moderationsrolle vergeben werden. Entweder fest oder rollierend. Sitzungen moderieren zu lassen kann Wunder bewirken, auch um unnötige Diskussionen, ausufernde Monologe und quälende Selbstdarstellungen, wie man das von althergebrachten Meetings kennt, zu vermeiden.

MEETINGS

Wie organisieren und halten wir Meetings im Unternehmen? Haben wir zu viele und/oder zu lange Treffen? Zu viele Teilnehmer? Sind die Meetings zu unorganisiert? Dieses Thema ist nicht neu, wir diskutieren es schon sehr lange. Das zeigt ein Blick in die Kienbaum-Studie von 1969:

»Die Untersuchung hat auch erkennen lassen, dass in allen Bereichen zahlreiche Besprechungen stattfinden, deren Ergebnisse jedoch keineswegs immer befriedigen.
Die Ursachen dafür sind insbesondere:

› Der Themenkreis (Tagesordnung) sowie notwendige Diskussionsunterlagen werden den Teilnehmern überhaupt nicht vorher oder zu spät mitgeteilt. Eine Vorbereitung ist folglich überhaupt nicht oder nur unvollkommen möglich.
› Die Diskussionsführung ist nicht streng genug, sodass viel Zeit mit ›Reden‹ vergeudet wird.
› Es werden zwar Beschlüsse über Maßnahmen gefasst; jedoch wird deren Realisierung nicht konkret genug in Auftrag gegeben oder nicht kontrolliert, sodass sie nicht selten ganz unterbleibt.«

Am Ende einer Sitzung sollte man es sich zur Gewohnheit machen, die Ergebnisse der Sitzung zu überprüfen und Feedback über die Zusammenarbeit in der Gruppe einzusammeln. Nur so wird die Arbeit effektiver und transparenter. Nur so lassen sich Unzufriedenheit und Mauscheleien vermeiden.

FÜNF FRAGEN, DIE EIN MEETING VERÄNDERN

Was hält mich davon ab, jetzt hundertprozentig fokussiert zu sein?
Welches Ziel definieren wir für unser Meeting?
Wer übernimmt welche Rolle im Meeting?
Welcher Punkt bekommt wie viel Zeit auf der Agenda?
Was können wir beim nächsten Meeting besser machen?

AUF DEN PUNKT: SPEED-MEETINGS

Wir wollen nicht ausufernd sein. Das Organigramm steht für ausufernde Meetings, für ausufernde Abstimmungsrunden, für ausufernde Zuständigkeiten und Abhängigkeiten.

Wir wollen auf den Punkt kommen.

Immer.

Wir wollen uns nicht in Fachbegriffen verlieren, uns nicht hinter vermeintlichem Wissen verschanzen und am liebsten immer alles irgendwie »vertagen« oder uns »nächste Woche« wieder treffen.

Deshalb haben wir kurze Meetings an unseren Tasks & Teams-Boards eingeführt. Darin verschaffen wir uns fokussiert einen Überblick über alle aktuellen Themen im Bereich. Es werden nicht alte Feindschaften gepflegt. Auch müssen nicht alle anderen geduldig warten, bis zwei alte Kontrahenten wieder einmal ihre gegenseitige Abneigung artikuliert haben – ohne jegliches Ergebnis für den Arbeitsprozess. In den knapp 15-minütigen Meetings wird kurz berichtet, was neu, was wichtig ist, was geklappt hat und was noch getan werden muss. Diese sogenannten Speed-Meetings sind ein wirkungsvolles Instrument gegen peinliche und ergebnislose Laberrunden. Speed-Meetings führen dazu, schneller ins »Doing« zu kommen und die Dinge besser zu priorisieren.

DAS TASKS & TEAMS-BOARD

Die Phasen eines Projekts

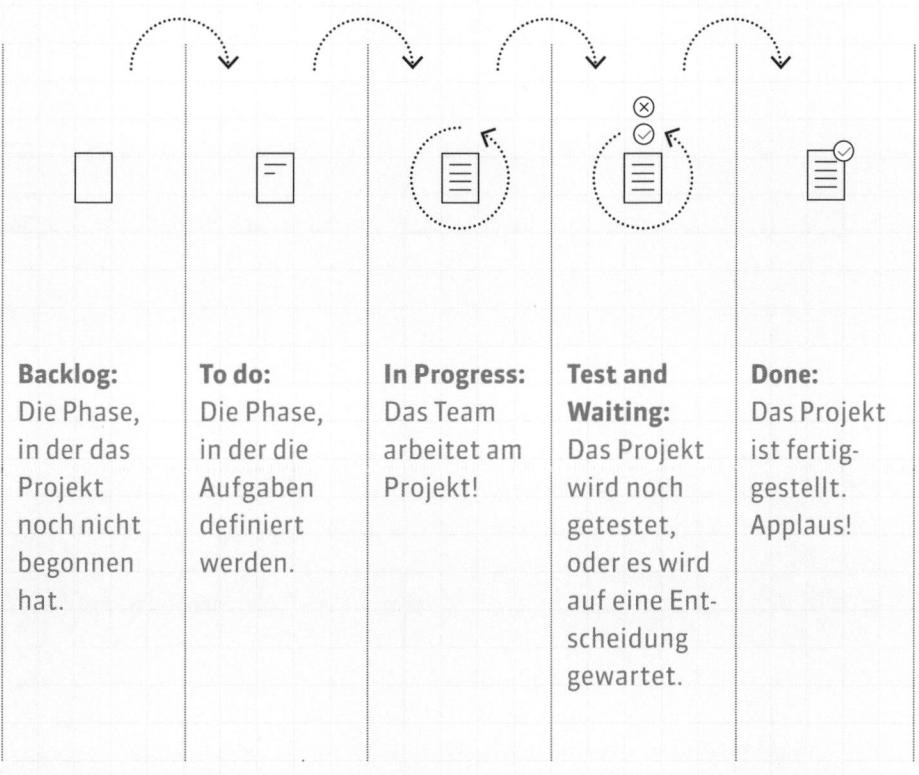

Backlog:
Die Phase, in der das Projekt noch nicht begonnen hat.

To do:
Die Phase, in der die Aufgaben definiert werden.

In Progress:
Das Team arbeitet am Projekt!

Test and Waiting:
Das Projekt wird noch getestet, oder es wird auf eine Entscheidung gewartet.

Done:
Das Projekt ist fertiggestellt. Applaus!

Das Tasks & Teams-Board ist das Zentrum eines Meetings. Es ist die zentrale Info-Stelle. Auf dieser Tafel steht, was die Kollegen wissen müssen über Projekte und größere Aufgaben, über deren Status und über Zeiträume. Sie dient als Schaltstelle und als Beschleuniger. Das Tasks & Teams-Board ist angelehnt an die bekannte Kanban-Tafel zur Visualisierung von Workflows. Es ist nicht nur ein Werkzeug, sondern auch ein Symbol für den Wandel.

DER LEBENDIGE AUSTAUSCH MIT ANDEREN

Wir werden sicherlich auch in Zukunft nicht bei jedem Thema interdisziplinär zusammenarbeiten. Aber gerade bei komplexen Problemen, die viel Kreativität und Vernetzung erfordern, kann das eine große Hilfe sein. Unterschiedliche Hintergründe sorgen dafür, dass sich Teammitglieder gegenseitig inspirieren. Die einen kommen von der technischen Seite, die anderen sind HR-Spezialisten, ein Dritter ist Logistiker, eine Vierte kommt vom Marketing, schon hat man eine Mischung, die weitaus kreativer ist, weil sie nicht vorab Dinge ausschließt, die eine reine Fachgruppe von vornherein ausschließen würde.

Sitzen nur Logistiker am Tisch, werden bestimmte Themen mit der Logistiker-Schere bearbeitet. Das heißt: Viele auf den ersten Blick vielleicht ungewöhnliche, auch schräge Ideen fallen weg, oder man erfährt erst gar nicht von ihnen. Das ist bedauerlich. Sind doch gerade die schrägen Einfälle oft der erste Schritt zu neuen, kreativen Einfällen.

Es gibt Techniken, die die Kreativität befördern, Design Thinking gehört dazu. Hier wird das Multidisziplinäre geradezu erfordert. Zum Grundverständnis von Design Thinking gehört, dass es gerade vermeintlich Fachfremden gelingt, beispielsweise ein Logistikproblem zu lösen. Die Herangehensweise ist dabei immer eine sehr spielerische. Und vor allem: Der Prozess findet immer im Team statt. Es ist gewollt, dass Dinge schnell ausprobiert werden. Und es ist erlaubt, Fehler zu machen.

Allein kreativ sein im Hinterzimmer, geniale Einfälle in der Einsamkeit einer Berghütte – ja, das mag es geben. Effizienter und meist kreativer ist der lebendige Austausch mit anderen.

WIE GEHT ES WEITER?

Das war also die Ausgangssituation: Wir wollten die Aufgaben, die anfallende Arbeit in flexibleren Teams und über Silos hinweg organisieren. Wir wollten die Selbstorganisation umsetzen, um als Organisation insgesamt effizienter zu arbeiten. Jede Änderung haben wir immer mit dem Hinweis versehen: Es geht nicht darum, die Arbeit zu reduzieren. Wir haben nicht vor, ein Freizeitpark zu werden.

Nein. Unser Ziel war und ist es, die Arbeit effizienter zu organisieren.

VON DER IDEE IN DIE PRAXIS

Das Ziel war klar: Wir wollen die hierarchischen Strukturen ersetzen. Wir wollen schlagkräftige Teams aufbauen. Wir wollen nicht länger Organigramme malen. Sondern eine selbstorganisierte Form der Zusammenarbeit fördern. Und dann haben wir damit angefangen.

ANSTOSS – UND ES GEHT RUND

Der erste Schritt war: Wir haben jemanden geholt, der uns helfen kann. Eine Berliner Agentur, die neue Ideen zur Arbeit entwickelt, hat uns geholfen, etwas Neues zu wagen. Was wir nicht wollten, war eine Idee von der Stange, irgendein bewährtes New-Work-Konzept, das dann einfach bei uns umgesetzt wird. Wir wollten ein Konzept, das der besonderen Kultur bei B. Braun entspricht, das am besten zu uns passt.

Es mag in den Gestaden der Berlin-Mitte-Start-up-Kultur sicher noch hippere Lösungen geben, aber die wären nicht B. Braun. Wir brauchten eine Anregung, aber eben keine Vorgabe. Wir wollten ja gerade nicht mehr in Kästchen denken, sondern offener werden. Dazu suchten wir den Kontakt in die Hauptstadt.

EIN CIRCLE HAT KEINEN CHEF

Die Gespräche mit der Agentur waren dann auch sehr konstruktiv. Sie haben sich sehr gefreut, wie offen ein so großes Unternehmen wie B. Braun Themen wie den Abbau von Hierarchien diskutiert. Beim ersten Treffen haben sie eine wichtige Frage gestellt: »Wie reif sind die Führungskräfte und Mitarbeiter?« Heute wissen wir, warum.

»DAS WIRKT ANSTECKEND« – INTERVIEW MIT DR. SIMON BERKLER, GRÜNDER UND GESCHÄFTSFÜHRER DER AGENTUR THEDIVE

Herr Berkler, Sie haben B. Braun bei der Umgestaltung der Arbeits-organisation begleitet. Was war Ihr erster Eindruck, als wir mit unserem Vorhaben auf Sie zukamen?

Für uns als Prozessbegleiter galt es zu Beginn, mehrere Dinge synchron zu berücksichtigen. Zum einen gab es bei B. Braun die Vision, eine zeit-gemäße, weniger hierarchische Form der Zusammenarbeit zu etablieren. Gleichzeitig befand sich das traditionelle Organisationsmodell in einer Phase des Wandels, Führungspositionen wurden neu besetzt, was mit entsprechenden Unsicherheiten einherging. Im Projekt musste daher der Spagat bewältigt werden, ein neues, für jeden Bereich adäquates Führungs- und Zusammenarbeitsmodell co-kreativ zu entwickeln, gleichzeitig den Prozess für eine Weiterentwicklung auf Methoden- und Kulturebene zu nutzen und dabei die unterschiedlichen persön-lichen Interessen nicht aus dem Blick zu verlieren.

Ist es überhaupt sinnvoll, Selbstorganisation und Tasks & Teams in einem großen und traditionellen Familienunternehmen wie B. Braun umzusetzen?

Die Frage »Was kommt nach der Pyramide?« stellt sich ja derzeit bei vielen Unternehmen. Steigende Komplexität und Vernetzung bringen die linearen Strukturen, die stark auf Wiederholbarkeit und Vorhersag-barkeit ausgerichtet sind, an ihre Grenzen. Ein höheres Maß an Selbst-organisation kann helfen, mehr Beweglichkeit, Agilität und eine größere Kompetenz im Umgang mit Komplexität zu entwickeln. Daher ist es wichtig, keine Blaupausen-Lösungen zu bieten, sondern einen Raum zu öffnen, in dem auf eine strukturierte Art und Weise eine passende Entwicklung begonnen werden kann – und dabei dem älteren »Betriebs-system« gegenüber die Wertschätzung zu zeigen, die es verdient hat.

Wie lässt sich die Verbindung von »alt« und »neu« konkret umsetzen?

Es ist ja so: Jede Organisationseinheit, inklusive ihrer jeweiligen Füh-rungskräfte, hat einen eigenen »Garten«, den sie in gewissen Grenzen so anlegen und bestellen kann, wie sie es für richtig hält. Solange sich die umgebende Gesamtorganisation noch in traditionelleren Strukturen bewegt, sollte man die Ankopplungsfähigkeit nach oben zur Unternehmensführung und nach rechts und nach links zu den Nachbarbereichen im Blick behalten. In diesem Umfeld ist es auf jeden Fall sinnvoll, mit Teams zu beginnen, die am meisten Energie für eine Veränderung haben. Das setzt häufig Impulse und wirkt oft »ansteckend« für die umgebende Organisation.

Was ist auf dem weiteren Weg zu beachten?
Wichtig ist: Die Weiterentwicklung einer Organisation ist nie abgeschlossen. Insofern ist auch die aktuelle Constitution zu Tasks & Teams immer nur ein temporärer Entwicklungsstand, der sich wieder verändern wird. Wichtig ist auch, Zeit und Plattformen zu bieten, auf denen operationale und zwischenmenschliche Spannungen versorgt werden können. Der Auf- und Ausbau methodischer Fähigkeiten wie agiler Skills oder Meeting-Gestaltung und -Moderation helfen dabei, eine gemeinsame Sprache zu entwickeln. Zuletzt halte ich es für wichtig, kollektives Lernen zu orchestrieren, das heißt, Misserfolge und Sackgassen besprechbar zu machen, aber Erfolge auch gemeinsam zu würdigen und zu feiern.

Wir waren dankbar für Hinweise, wie wir die Kästchen hinter uns lassen konnten. Es entstand dabei eine erste Idee – und zwar eine neue geometrische Form. Statt in Kästchen wollen wir die Arbeit künftig in Kreisen, in Circles organisieren. Circles haben etwas Gleichberechtigtes, in einem Circle hat zunächst jeder die gleichen Voraussetzungen. Ein Circle hat vor allem keine Spitze, keinen »Chef«, der über den anderen sitzt.

Die Circle-Idee setzte sich schnell durch bei uns. Auch wenn wir noch nicht genau wussten, wie wir das organisieren sollten, wie es den Circles tatsächlich gelingen sollte, die Arbeit von Abteilungen zu übernehmen, und wie es praktisch gelingen konnte, lange gewachsene Strukturen durch eine Circle-Arbeit zu ersetzen. Diese Fragen begleiteten uns von Beginn an, aber wir betrachteten das Ganze als einen Prozess. Wir ließen die Circles erst langsam entstehen.

WIR BAUEN UNS UNSERE CIRCLES

Wir haben klein angefangen. Und haben zunächst Circles gebildet, um unseren Veränderungsprozess zu bearbeiten und die Arbeit in der Circle-Logik zu üben. Das ist ja ein ganz anderes Arbeiten. Es wäre fahrlässig gewesen, uns damit gleich auf die Fachthemen »loszulassen«.

Also haben wir am Anfang fünf Meta-Circles gebildet, um den Weg zu Tasks & Teams zu gestalten und Elemente der Führungsarbeit in die Selbstorganisation zu übertragen. Jeder war Teil eines solchen Circle, der ein Thema des Veränderungsprozesses bearbeitet hat.

Ein Circle hat den Sinn und Zweck der Abteilung für die Stakeholder herausgearbeitet und operationalisiert (Purpose). In einem anderen ging es darum, eine transparente Form der Aufgabenkoordination und -priorisierung zu erarbeiten (Koordination). Der People-Circle hat sich darum gekümmert, alle Kompetenzen in der Abteilung sichtbar zu machen und festzustellen, welche es für die neue Zusammenarbeit aufzubauen gilt. Ein weiterer Circle war für die Kooperation zuständig. Er hat die neue Meetingstruktur eingeführt. Außerdem gab es noch den Transformations-Circle. Er war eine Art Sprachrohr im Veränderungsprozess und hat dafür gesorgt, dass alle relevanten Informationen im Change-Prozess transparent waren und kommuniziert wurden.

Heute, nachdem sich die Circles etabliert haben, nachdem wir gute Circle-Strukturen aufgebaut haben, laufen Circle-Gründungen nach einem bewährten Prinzip ab – und zwar wie folgt:

Der Task bestimmt, ob ein Circle gegründet wird. Zu Beginn des ersten Circle-Meetings wird zur Fokussierung die Frage geklärt: Was ist unser Zweck, was ist unser Purpose? Warum gibt es diesen Circle? Dann werden die Prinzipien der Zusammenarbeit festgelegt. Dafür gibt sich der Circle eine Verfassung, eine Circle Constitution. Das klingt etwas sperrig, ist es aber nicht. Nach vielen Monaten mit den Circles können wir sagen: Das ist Gewöhnungssache, das spielt sich ein. Und zu Beginn eines Meetings die Frage zu klären, warum und zu welchem Zweck man eigentlich genau zusammensitzt, das hätte schon vielen Meetings auf dieser Welt geholfen.

LEITLINIEN FÜR CIRCLES

Circles arbeiten an definierten Tasks mit vereinbarten Prinzipien

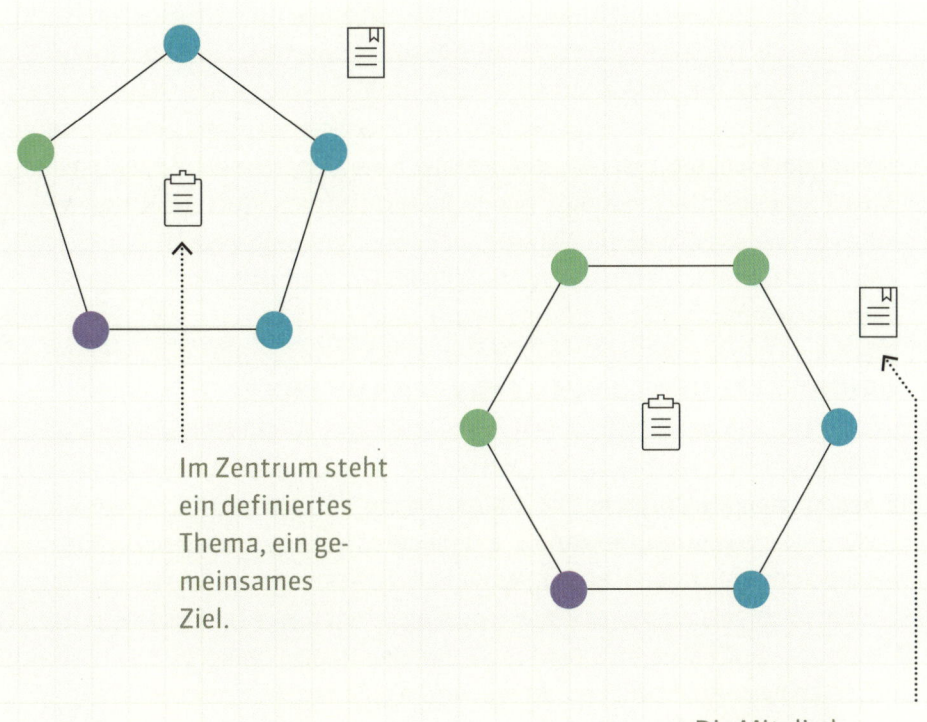

Im Zentrum steht ein definiertes Thema, ein gemeinsames Ziel.

Die Mitglieder vereinbaren Prinzipien und Instrumente für Zusammenarbeit, Entscheidungsfindung.

CIRCLE CONSTITUTION

Die Constitution ist so etwas wie die »Verfassung« eines Circle. Sie wird für jeden Circle neu angelegt, was schlimmer klingt, als es ist. Die Circle Constitution beschreibt den übergreifenden Sinn und Zweck eines Circle und seine Prinzipien der Zusammenarbeit. Über die Constitution entscheiden die Circle-Mitglieder in der Gründungssitzung. Sie ist als Dokument bindend für die Zusammenarbeit aller Circle-Mitglieder. Kernelemente der Constitution sind der Sinn und Zweck eines Circle, Rollen und Verantwortlichkeiten der Mitglieder sowie organisatorische Aspekte wie Meetings und Entscheidungsprinzipien. Mit anderen Worten: Aus dem Prozess heraus entwickeln die Mitglieder ein eigenes Regelwerk.
Die Circle Constitution ist ein wichtiges Instrument der Selbstorganisation der Teams.

GRUNDSÄTZE DER ZUSAMMENARBEIT IM CIRCLE

› Wer ein Treffen verpasst, kümmert sich eigenständig darum, was besprochen wurde. Jedes Circle-Mitglied hat eine Holschuld.
› Was entschieden werden muss, entscheiden die Anwesenden. Die Entscheidung steht dann, es gibt keine neuen Diskussionen, es wird nicht alles noch mal neu aufgerollt. Es wird nicht noch mal auf Bedenken eingegangen, es werden nicht noch mal die Bremser gehört.
› Treffen beginnen immer pünktlich. Anfangszeiten sind keine Vorschläge, sondern bindend. Um schnell durchzukommen, sollten alle da sein. Wenn immer wieder neu angesetzt werden muss, ist das Meeting rasch nicht mehr effektiv.
› Bei der Aufgabenverteilung gilt – wann immer möglich – »pull« vor »push«. Es werden keine Tasks delegiert. Die Mitarbeiterinnen und Mitarbeiter »ziehen« sich die Aufgaben eigenständig. Sie wählen aus, nach Interesse und Fähigkeit.
› Die Circle Constitution hat eine zentrale Funktion, sie wird in jedem Circle angewendet, um Rollen und Verantwortlichkeiten innerhalb des Circle zu klären.

DIE ZUSAMMENSETZUNG DER CIRCLES

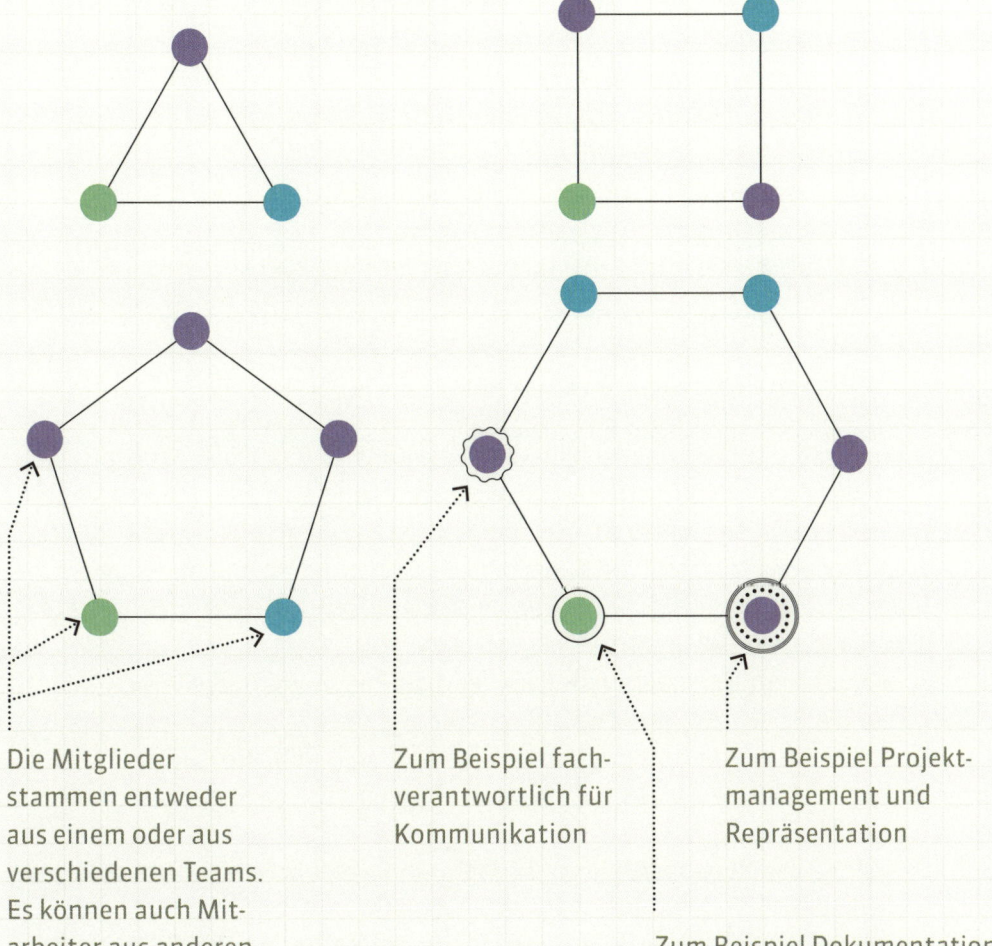

Die Mitglieder stammen entweder aus einem oder aus verschiedenen Teams. Es können auch Mitarbeiter aus anderen Departments teilnehmen.

Zum Beispiel fachverantwortlich für Kommunikation

Zum Beispiel Projektmanagement und Repräsentation

Zum Beispiel Dokumentation

Es gibt innerhalb eines Circle keine klassische Hierarchie. Aber in den Rollen werden die Verantwortlichkeiten beschrieben. Personen können sich ein oder mehrere Rollen in einem oder mehreren Circles »ziehen«. Mit mehr als sechs Personen lässt es sich nicht mehr so gut inhaltlich arbeiten. Manche übergreifende Circles, die eher der Synchronisation dienen, haben aber mehr als sechs Mitglieder.

DIE FÜNF WICHTIGSTEN EIGENSCHAFTEN FÜR CIRCLE-ARBEITER

1. Sie müssen neugierig sein – und neugierig bleiben.
2. Sie müssen offen sein – für neue Ideen und den Input der Teamkollegen (die können auch was).
3. Sie müssen Kritik ertragen können – und mag ihre Idee aus ihrer Sicht noch so sensationell sein.
4. Sie müssen sich vom Gedanken verabschieden, dass da »oben« einer ist, der einem immer sagt, was zu tun ist.
5. Sie müssen in der Lage sein, sich selbst zu organisieren.

Wenn die »Verfassung« steht, werden die Rollen vergeben. Es wird gefragt, wer eine oder mehrere Rollen übernehmen kann und will. Man kann beispielsweise eine fachliche Rolle übernehmen, wenn man im Thema gut drin ist. Oder eine prozessuale Rolle, beispielsweise indem man den Circle moderiert. Moderation ist wichtig, aber Moderation sagt nichts über die Stellung im alten Organigramm.

Auch Repräsentation ist eine wichtige Rolle in der Circle-Arbeit. Jeder Kreis hat eine feste Ansprechperson. Die legt der Kreis selber fest, es muss keine Führungskraft sein. Dadurch verteilt sich Repräsentation nun auf mehr Schultern, und die Fachexperten können ihre Themen selber vertreten.

Kurz: Die Rollenverteilung ist offen und richtet sich nicht nach alten Hierarchien.

Ferner ist die Priorisierung der anstehenden Aufgaben ein bedeutendes Thema für den Circle. Der Circle selbst entscheidet, was wichtig ist und was nicht.

SO ARBEITEN WIR IN DEN CIRCLES

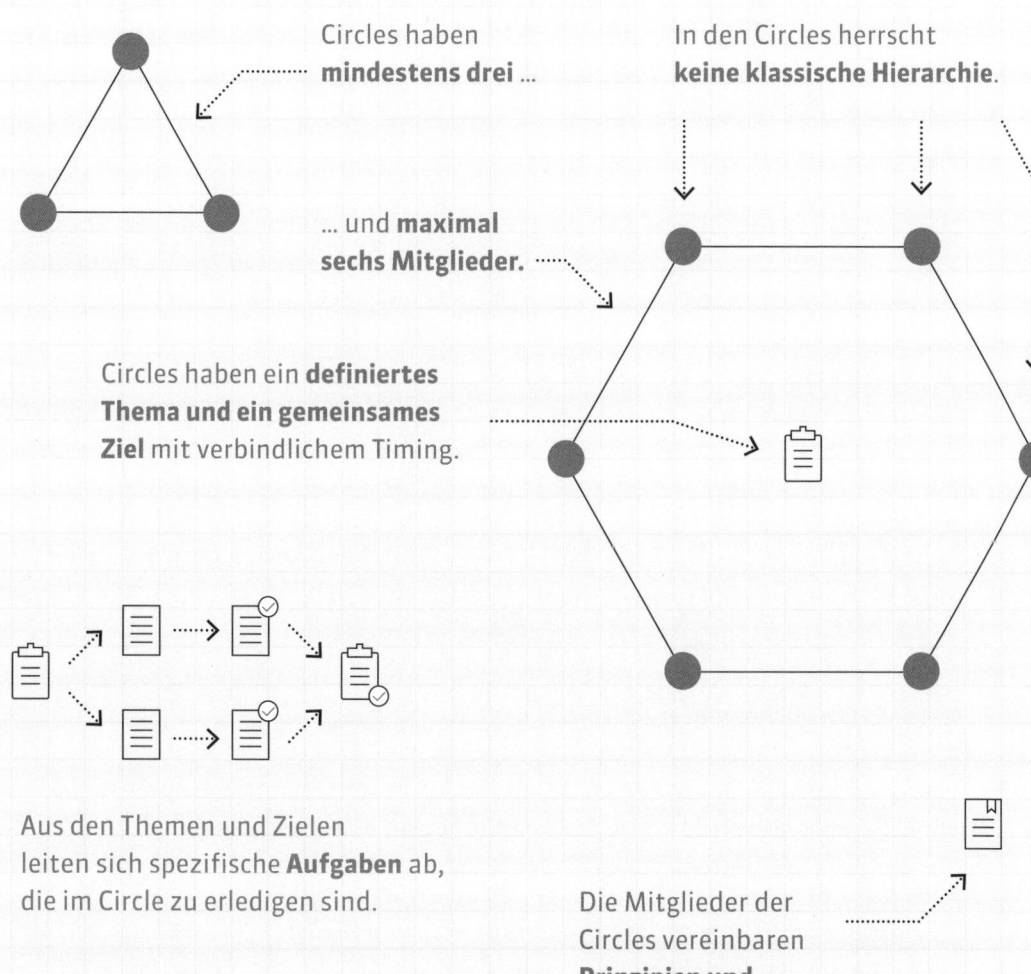

Circles haben **mindestens drei** …

… und **maximal sechs Mitglieder.**

In den Circles herrscht **keine klassische Hierarchie.**

Circles haben ein **definiertes Thema und ein gemeinsames Ziel** mit verbindlichem Timing.

Aus den Themen und Zielen leiten sich spezifische **Aufgaben** ab, die im Circle zu erledigen sind.

Die Mitglieder der Circles vereinbaren **Prinzipien und Instrumente** für die Zusammenarbeit und Entscheidungs-findung im Circle.

ROLLEN
UND FUNKTIONEN

Wenn eine Person eine **Funktion** hat, dann hat sie die dauerhaft und allein (zum Beispiel Abteilungsleiter/-in).

In den **Rollen** werden die Aufgaben und Verantwortlichkeiten der Mitglieder eines Circle beschrieben. Personen können eine Rolle oder mehrere Rollen in einem oder mehreren Circles einnehmen, zum Beispiel die Rollen »Fachverantwortliche für Kommunikation und Dokumentarin« in Circle X und »Projektmanagerin und Repräsentantin« in Circle Y.

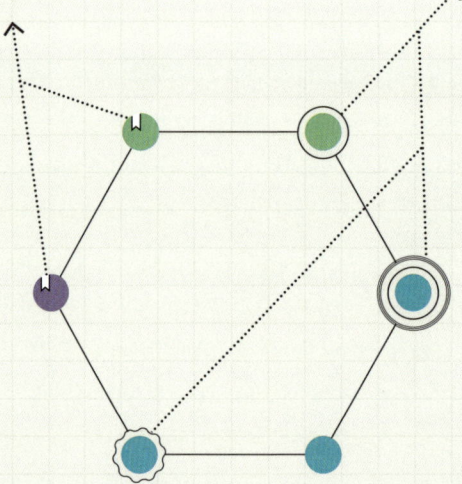

Rolle versus Funktion

In den Circles werden Rollen vergeben. Rollen beschreiben die Aufgaben, die erledigt werden müssen, unabhängig von der Person oder deren bisheriger Funktion. Die Rollen können mit einer Person oder mehreren Personen besetzt werden, die Besetzung kann, wenn nötig, wechseln, solange die Person oder die Personen die Anforderungen der Rolle erfüllen kann/können. Das steht im Gegensatz zur Funktion. »Ich übernehme eine Rolle« ist etwas Temporäres, in einem anderen Circle kann man eine andere Rolle übernehmen. Eine »Funktion« erarbeitet man sich, die wird man immer erfüllen. Die soll kein anderer, keine andere erfüllen – selbst wenn er oder sie fachlich geeignet wäre. Die Aufteilung in Rollen bietet allen die Möglichkeit, sich für Rollen zu entscheiden, in denen sie ihre Fähigkeiten am besten einbringen können.

SO ARBEITEN WIR IN DEN CIRCLES

› Circles haben mindestens drei und maximal sechs Mitglieder.
› Circles haben ein definiertes Thema und ein gemeinsames Ziel mit verbindlichem Timing.
› Aus den Themen und Zielen leiten sich spezifische Aufgaben ab.
› Aus den Aufgaben leiten sich Rollen und Verantwortlichkeiten ab, die von den Mitgliedern des Circle übernommen werden sollen.
› In den Circles herrscht keine klassische Hierarchie.
› Die Mitglieder der Circles vereinbaren Prinzipien und Instrumente für die Zusammenarbeit und Entscheidungsfindung im Circle.

WAS IST EINE ROLLE?

In den Rollen werden die Aufgaben und Verantwortlichkeiten der Mitglieder eines Circle beschrieben. Personen können eine Rolle oder mehrere Rollen in einem oder mehreren Circles einnehmen, zum Beispiel die Rollen »Fachverantwortliche für Kommunikation und Dokumentarin« in Circle X und »Projektmanagerin und Repräsentantin« in Circle Y.

ROLLE VERSUS FUNKTION

In den Circles werden Rollen vergeben. Rollen beschreiben die Aufgaben, die erledigt werden müssen, unabhängig von der Person oder deren bisheriger Funktion. Die Rollen können mit einer Person oder mehreren Personen besetzt werden, die Besetzung kann, wenn nötig, wechseln, solange die Person oder die Personen die Anforderungen der Rolle erfüllen kann/können. Das steht im Gegensatz zur Funktion. »Ich übernehme eine Rolle« ist etwas Temporäres, in einem anderen Circle kann man eine andere Rolle übernehmen. Eine »Funktion« erarbeitet man sich, die wird man immer erfüllen. Die soll kein anderer, keine andere erfüllen – selbst wenn er oder sie fachlich geeignet wäre. Die Aufteilung in Rollen bietet allen die Möglichkeit, sich für Rollen zu entscheiden, in denen sie ihre Fähigkeiten am besten einbringen können.

NICHT AUF DAS FREIE PLÄTZCHEN WARTEN

Schließlich werden noch die Aufgaben verteilt: Wer macht was? Diese Verteilung nehmen wir im Circle gemeinsam vor. Und wer sich qualifiziert und/oder motiviert für eine Aufgabe fühlt, kann diese übernehmen. Das ist der Unterschied: Es gibt eben nicht die Führungskraft, die bestimmt: »Das macht Herr X, das übernimmt Frau Y!« Und dann geschieht das so. Nein. Die Circle-Mitglieder entscheiden selbst, wer was macht. Das bietet jedem die Möglichkeit mitzutun – und nicht zu warten, bis im weiter oben liegenden Kästchen des Organigramms ein Plätzchen frei wird, das einen dann berechtigt, eine Arbeit zu tun, die man aufgrund seines Wissens, seiner Kompetenz, seiner Kreativität schön längst hätte tun können.

Nach dem Kick-off war die Begeisterung groß. Unser Projekt begann, Kreise, sozusagen »Circles« zu ziehen. Natürlich lief nicht alles rund. Es gab auch Sitzungen, die in eine Sackgasse gerieten. Aber das war Teil unseres Lernprozesses. Die Agentur bot Sprechstunden an, in denen wir Unsicherheiten besprechen und Lösungen finden konnten.

Zur Freiheit der Circles gehört vor allem auch die Freiheit zu entscheiden, wie viel Zeit man für die Aufgaben in Anspruch nehmen soll. Der Circle setzt sich selbst die zeitlichen Vorgaben, er setzt sich selbst eine Deadline – und sorgt dafür, dass der Auftrag pünktlich abgeschlossen wird. Jeder hat die Zeit im Blick. Jeder weiß, wo man gerade steht. Kein Chef sitzt dem Circle-Mitglied im Nacken. Dieses Weniger an Druck sorgt für mehr Freiraum und im besten Fall für eine fachliche und vor allem auch persönliche Weiterentwicklung.

Eine Circle-Struktur bedeutet aber nicht: Alles, was wir uns vornehmen, gelingt. Es gibt durchaus Circles, die keine Ergebnisse erzielen, die nicht das erreichen, was sie sich vorgenommen haben. Oder es kann Probleme geben, innerhalb des Circle oder bei der Umsetzung. Dafür haben wir das Executive Committee (EC) aufgebaut, darin sitzen die Führungskräfte der disziplinarischen Teams (sogenannte Core Teams), die Bereichsleitung und gewählte »normale« Mitarbeiterinnen und Mitarbeiter – und dort, in diesem Gremium, werden dann Probleme oder Schwierigkeiten besprochen.

SICH KONSTRUKTIV EINBRINGEN

Wenn wir davon sprechen, dass sich die Mitarbeiter ihre Aufgaben selbst ziehen (»pullen«), geht es uns nicht darum, eine neue Arbeitswelt zu gründen, in der jeder tut, was er will. Ganz im Gegenteil.

Gerade die Selbstorganisation beruht darauf, dass Verantwortlichkeiten und Rollen sehr genau beschrieben werden. Gerade die Selbstorganisation erfordert ein hohes Maß an Rechenschaftspflicht und Engagement von jedem Mitarbeiter. Und man muss als Gruppe darauf achten, dass die Dinge erledigt, dass auch unpopuläre Jobs gemacht werden. Ein »Cherry Picking« darf und wird es nicht geben.

Es wird sicher immer Mitarbeiter geben, die Angst davor haben, neue Rollen zu übernehmen, beispielsweise ein Meeting zu moderieren. Aber die offene Struktur und das neue Klima, das nicht auf Hierarchien und Zuständigkeiten basiert, können dazu beitragen, dass sich mehr Mitarbeiter etwas zutrauen, was sie bisher nicht gemacht haben. Weil sie merken: Die Kollegen vertrauen mir. Und das ist der entscheidende Faktor von Tasks & Teams: Vertrauen. Nur so funktioniert es.

Allerdings sollten Mitarbeiter dem neuen Arbeiten auch ein Mindestmaß an gutem Willen entgegenbringen. Es ist nicht schwer, einen Circle zu sabotieren. Aber damit tut man weder sich noch den anderen einen Gefallen. Wer sich auf Tasks & Teams einlässt und sich konstruktiv einbringt, wird die Verbesserung der Zusammenarbeit schnell spüren.

DIE DREI GRÖSSTEN STÖR-FÄLLE BEI CIRCLE-MEETINGS

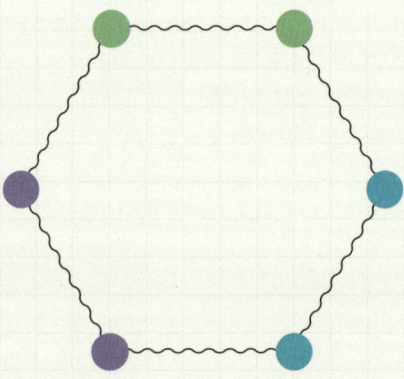

Störfall 1: Komplett unvorbereitet in ein Meeting gehen, die Fragen des Moderators überhören, sich den Namen des neuen Kollegen nicht merken, sich immer und jederzeit auf sein Bauchgefühl verlassen und darauf, dass einem schon irgendwas einfällt, weil es einem ja schon immer gelungen ist, im Lauf eines Meetings nachhaltig seinen Senf dazuzugeben – und sich gegen Ende des Treffens wirkungsvoll allen Aufgaben entziehen.

Störfall 2: Die Anti-Haltung sehr offen nach außen tragen: »Ich bin jetzt seit zwanzig Jahren hier, ich habe schon so viele Change-Prozesse mitgemacht, da kommt es auf den jetzt auch nicht mehr an. Tasks & Teams? Circles? Stand-up-Meeting? Klingt ganz okay, aber das wird auch vorbeigehen, glaubt mir.« Um besonders wirkungsvoll zu stören, sollte diese Haltung in der Abteilung verbreitet werden, in der Kantine, auf dem Heimweg, überhaupt überall.

Störfall 3: Ein Störfall tritt auch dann ein, wenn die anderen registrieren, dass man vom Thema eigentlich keine Ahnung hat, dennoch ständig lautstark und vor allem meinungsstark mitdiskutiert. Dann sollte man auf Gegenfragen aggressiv reagieren und vehement auf die Verfehlungen anderer bei anderen Projekten verweisen, um schließlich eigenmächtig das Thema zu wechseln.

DREI TOOLS, DIE DAS CIRCLE-MEETING BESSER MACHEN

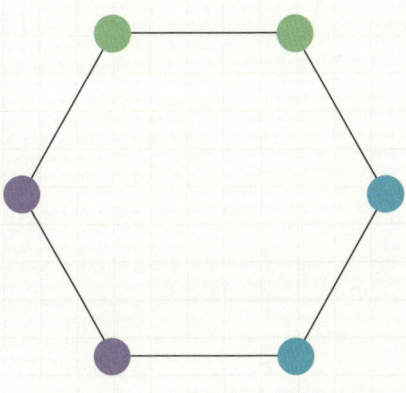

Check-in: Wie beim Flug vor dem Start des Circle-Meetings kommt der Check-in. Ganz knapp verständigt man sich auf die Ziele des Treffens. Jede und jeder sagt, was ihn oder sie beschäftigt. Kurz wird der Stand der Dinge thematisiert, eventuell werden noch Fragen ergänzt.

Time-Box: Je ausufernder ein Meeting, desto sinnloser. Deshalb brauchen Circle-Meetings eine Uhr und einen präzisen Zeitplan. Die Uhr schränkt die Redezeit ein und führt alle schneller zum Punkt. In zum Beispiel fünf Minuten pro Thema kann viel gesagt und entschieden werden. Das heißt aber auch: Man muss realistisch planen. Und Schwadroneuren, Vielsprechern und Verbalposern läuft die Zeit davon.

Check-out: Am Ende bricht man nicht einfach auf. Es gibt eine kurze Feedbackrunde zum Meeting. Es wird auch thematisiert, was gut lief, wo vielleicht Vertrauen gefehlt hat, wo man falsch verstanden wurde oder wo es noch eine Unklarheit gibt.

TEAMS UND CIRCLES DEN AUFGABEN ANPASSEN

Tasks sind Aufgaben, die in einem Bereich anfallen. Das können – wir haben es im Kapitel »Tasks – Die Aufgaben stehen im Mittelpunkt« bereits erwähnt – wiederkehrende Dinge sein oder einmalige. Je nachdem bezeichnen wir sie als permanente oder zeitweilige Themen (als »Permanent Topics« oder »Temporary Topics«). Größere Themen erhalten bei uns eine Priorisierung (a, b oder c) und werden dann transparent ausgeschrieben. So können die Personen mitarbeiten, die geeignet sind und Kapazitäten haben.

Nach Art der Aufgaben unterscheiden wir unterschiedliche Teams und Kreise, in denen wir Themen bearbeiten.

Core Teams sind die disziplinarischen Teams, in denen auch das Tagesgeschäft bearbeitet wird. In CHR haben wir sie nach Schwerpunktthemen aufgeteilt (so kümmert sich zum Beispiel Compensation & Benefits um Vergütung und Entsendungen und HR Digital um die digitale HR-Infrastruktur). Core Teams können sich auch an Zielgruppen orientieren – das kann je nach Anforderung gestaltet werden.

Permanent Teams und Circles behandeln Permanent Topics, also Themen, die fortlaufend bearbeitet werden müssen, bei denen aber Interdisziplinarität und agile Selbstorganisation Sinn machen. Bei uns sind das Themen wie Organisationsentwicklung oder Events, die es ja wiederkehrend gibt, wo es aber auch sinnvoll ist, Rollen flexibel zu besetzen und die Gruppe dann selbstorganisiert arbeiten zu lassen. Die passenden Rollen und Personen für die Aufgabe sichern die Qualität. Durch die Selbstorganisation entlasten wir Führungskräfte, reduzieren Abstimmungsschleifen und stärken die Selbstverantwortung. Dafür müssen natürlich der Rahmen und das Ziel vorher gut abgesteckt sein.

Temporary Teams und Circles kümmern sich um Temporary Topics, das heißt Themen, die eher Projektcharakter haben oder einmalig bearbeitet werden müssen – zum Beispiel ein neues Konzept für die Nachfolgeplanung oder der Aufbau eines Wikis, also eines digitalen Arbeitsraums, oder einer Toolbox. Die Administration dieser Themen im laufenden Betrieb kann dann entweder in die Core Teams wandern, in einem verkleinerten Kreis bearbeitet werden, oder es kann eine Rolle dafür geschaffen werden – je nach Umfang der Aufgabe.

MÖGLICHE AUSPRÄGUNGEN VON TASKS & TEAMS

› Feste Teams, wobei manche Aufgaben flexibel ausgeschrieben und an einzelne Personen vergeben werden (wie in einem Ticketsystem)
› Disziplinarische Teams und themenbezogene, feste, übergreifende Circles
› Mischform aus Kernteams und flexiblen Circles, die vernetzt arbeiten
› Komplett agile Projektorganisation ohne feste disziplinarische Teams (Tasks & Teams in Reinform)

GENUG IST GENUG

Einen Denkfehler Richtung Führung gilt es noch aufzuklären. Man kann nicht mehr Aufgaben in den Circle stecken, als im alten Modell von der gleichen Zahl Mitarbeiter zu bewältigen gewesen wären. Ein Circle kann die Arbeit effizienter gestalten. Aber noch mehr Aufgaben in den Circle zu geben kann das Gegenteil bewirken.

Früher wurden Aufträge nur über die Führungskraft verteilt. Die entschied, wer was bekam. Ein Warum war da nicht immer so leicht nachzuvollziehen. Und es dauerte alles länger. Da gab es Anfragen, beispielsweise von einer HR-Abteilung an einem anderen Standort. Dann wurde diese Anfrage in einer Teamsitzung besprochen. Die wiederum fand nur einmal pro Woche statt – oder noch seltener. Dann hat der Teamleiter, die Führungskraft darüber entschieden. Das nahm wieder Zeit in Anspruch. Und erst dann konnte die Anfrage beantwortet werden. Das zog sich.

Mit den Circles kann man schneller reagieren. Man kann unterschiedliche Kompetenzen zu einem Team versammeln. Oft gelingt die direkte Klärung einer Frage. Und allein das sorgt schon für Begeisterung. Wenn man erlebt, wie etwas rascher geht. Und wie wir eine Sogwirkung aufbauen, wie die Freude im Team gesteigert wird, das erklären wir im Folgenden.

TEAMS & CIRCLES

Nach Art der Aufgaben unterscheiden wir unterschiedliche Teams und Kreise, in denen wir Themen bearbeiten

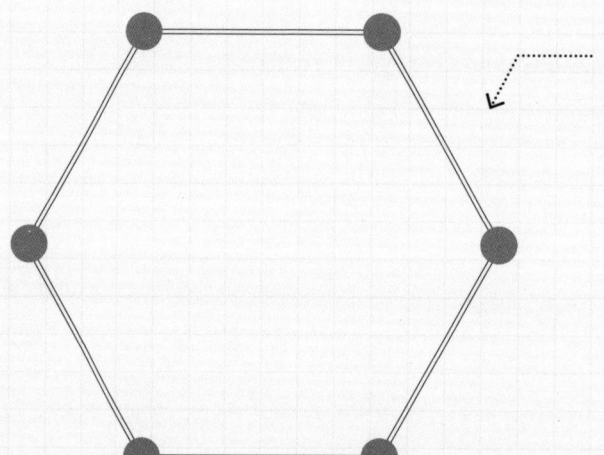

Core Teams

Core Teams sind diszipli-narische Teams, in denen auch das Tagesgeschäft bearbeitet wird. Jeder Mitarbeiter gehört einem Core Team an.

Permanent Teams

Die Mitglieder arbeiten in agilen Circles an einer ständig – täglich, wöchentlich, monatlich – wiederkehrenden Arbeit.

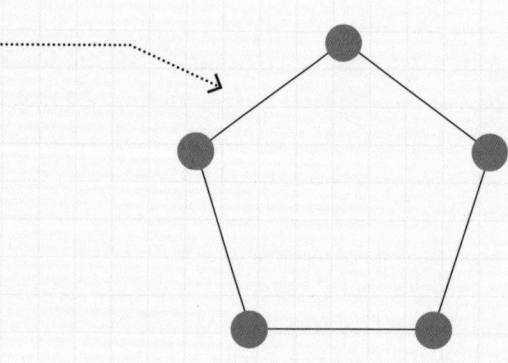

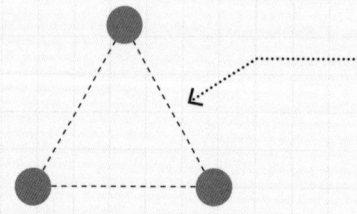

Temporary Teams

Die Mitglieder arbeiten in agilen Circles an kurzfris-tigen, sich nicht wieder-holenden Aufgaben.

Bericht über Circles aus dem B. Braun-Mitarbeitermagazin *Online* 132, 1/2018
Autorin: Christin Bernhardt

MEETING? GERN, ABER BITTE IM KREIS!
VON CHECK-INS, RETROS UND JEDER MENGE ACTION

Ein verregneter Freitagnachmittag im Stadtwaldpark Melsungen. Während in den Abteilungen langsam Feierabendstimmung aufkommt und sich die Parkplätze vor dem Hauptgebäude zu leeren beginnen, versammeln sich sechs Kollegen aus den Abteilungen Corporate Communications und Corporate HR zu einem Circle-Meeting. Ziel ist es, Ansätze zu erarbeiten, wie Karrieregestaltung, Talentmanagement sowie Feedback- und Kommunikationsprozesse in agilen Strukturen aussehen können. Ein komplexes Thema – nicht nur für den letzten Termin einer Arbeitswoche. Doch von »Am Freitag nach eins macht jeder seins« ist nichts zu spüren. Die Teammitglieder begrüßen sich, breiten Unterlagen, Post-its und Textmarker aus. Auf einem Tisch wird eine mechanische Stoppuhr platziert, Jacken werden ausgezogen, Ärmel hochgekrempelt und Zuständigkeiten geregelt: Wer macht die Agenda? Wer moderiert? Ruck, zuck ist das geklärt. Für die Agenda wird gemeinsam gesammelt, Post-its werden beschriftet und ans Whiteboard geheftet. »Ich will etwas mit euch teilen«, sagt einer der Kollegen. »Reichen dir zehn Minuten?«, fragt ein anderer, der die Moderatoren-Rolle übernommen hat. Sie reichen. Ich halte fest: Schon in den ersten Minuten werden agile Ansätze praktiziert. Die Visualisierung von Prozessen (Whiteboard), die Verteilung von Rollen und Verantwortlichkeiten und sogar der Ansatz »pull before push«. Bei letzterem geht es darum, Aufgaben nicht zu delegieren (push), die – wer kennt es nicht? – im schlimmsten Fall unter Widerstand erledigt werden. Stattdessen werden Aufgaben ausgeschrieben und herangezogen (pull). Der gewünschte Effekt: Motivation und Engagement bei der Ausführung.
Jetzt werden für alle Agenda-Punkte die Zeit-Slots notiert. Fazit: Es ist genug Zeit für alle Inhalte, und es gibt sogar noch Puffer für Fragen und Diskussionen. Genau wie für Check-in am Anfang sowie Review und Retro am Ende. Und schon geht es los: Reihum wird locker ausgetauscht, welche Erwartungen es gibt, wie es beim letzten Mal lief und – ja, auch das kommt

zur Sprache – wie es jedem geht. Dabei handelt es sich um eine Strategie, die sich zunächst als Teambuilding-Maßnahme in Airline-Crews bewährt hat. Sie hilft dabei, möglichst rasch als Team arbeiten zu können, weil sie Vertrauen untereinander stärkt und die Leistungsfähigkeit steigert. Ganz nach dem Prinzip: »Go slow to go fast!« Die Uhr klingelt, alle Beteiligten haben eingecheckt. Timing-technisch eine Punktlandung. Die lockere und informelle Art des Austauschs und die Selbstverständlichkeit, mit der Standpunkte und Empfindungen geäußert werden, beeindrucken mich. Keine Frage: Ich habe durchaus schon steifere Meetings erlebt. Doch nach einer kurzen Präsentation zum Stand der Dinge geht's zur Sache: Fragen werden aufgeworfen, es wird intensiv gebrainstormt, Ideen werden notiert.

Mitunter scheinen alle gleichzeitig zu reden, und auch ein klares Veto kommt zum Ausdruck: »Das sehe ich völlig anders.« Kurze Zeit später ist man sich wieder einig: »Genau!«, kommt es von rechts und »Absolut richtig!« von links. Und dann klingelt mitten in der Diskussion der Timer. Der Kollege, der gerade das Wort hatte, spricht weiter. Wer wollte es ihm verübeln, schließlich war er gerade dabei, seine Argumentation auszuführen. Der Moderator interveniert: »Okay, Leute: Hierfür brauchen wir anscheinend etwas länger. Lasst uns mal auf die Agenda schauen, ob wir woanders kürzen können.« Nach einer Minute ist eine einvernehmliche Lösung gefunden, und es wird weiterdiskutiert. Es gibt Zwischenfragen: »Worum geht es euch bei diesem Punkt?« oder Interventionen: »Wir sollten hier noch mal die Zielsetzung klären.«

Der Purpose wird offenbar im Auge behalten. Auch das ist ein zentrales Prinzip, um in einem selbstorganisierten Netzwerk mit geteilten Verantwortlichkeiten arbeiten zu können. In meiner Beobachterrolle am Rande des Geschehens wird mir nicht eine Minute langweilig. Von außen betrachtet wirkt der Prozess, den ich wie ein spannendes Sportereignis verfolge, wie die klassische Dialektik: Eine These mündet in eine Antithese, um letztlich die kontroversen Aspekte und Fragen in einer Synthese zu vereinen. Denn irgendwann fasst der Moderator zusammen: »Dann haben wir es doch.«

Next Steps werden notiert und die To-dos erneut nach dem Pull-Prinzip herangezogen. Und dann heißt es Review und Retro: »Ich fand es anstrengend, aber gut«, heißt es. Die anderen lachen zustimmend. »Ich bin zuversichtlich, dass wir ein ganzes Stück weitergekommen sind«, sagt eine Kollegin. »Ich gebe zu, dass sich bei mir eine leichte Ernüchterung breitgemacht hat«, kommt es vom nächsten Kollegen, und »Mir geht es ähnlich«, schließt sich eine Kollegin an: »Allerdings ist auch ein gefühlter Rückschritt letztlich ein Fortschritt.« Klar, hier geht es um Iteration – auch das wieder ein agiles Prinzip: Statt kreative Prozesse mit Perfektionsanspruch zu lähmen, ist es in der agilen Arbeitswelt nicht nur erlaubt, sondern sogar erwünscht, auszuprobieren, zu verwerfen und neu zu entwickeln, um sich schrittweise einem Ergebnis zu nähern. Während ich mich kurze Zeit später auf dem immer noch verregneten und inzwischen sehr ausgedünnten Parkplatz meinem Wagen nähere, denke ich: Langwierige Meetings am Freitagnachmittag? Gerne! Aber bitte agil.

PRAXIS

ERFAHRUNGEN
UND BEISPIELE
AUS DER
UMSETZUNG VON
TASKS & TEAMS

AN DER ENTWICKLUNG TEILHABEN LASSEN

Warum wir uns für diesen langen, auf den ersten Blick eher mühseligen Weg entschieden haben, Tasks & Teams gemeinsam zu entwickeln und behutsam zu implementieren? Warum wir das Konzept nicht sofort und unternehmensweit anordnen? In der Tat, vermutlich könnten wir zumindest auf dem Papier von einem auf den anderen Tag den Schalter umlegen. Aber es gibt eben die vielen ungeschriebenen Regeln, die ein Organigramm hervorgebracht hat. Und dass jeder steht, wo er eben steht. Und nicht vielen behagt der Gedanke, diese eigentlich doch so ordentlich erscheinende Welt zu verlassen. Genau das dürfen wir nicht aus den Augen verlieren. Viele wollen das gar nicht.

Deshalb lassen wir die Kolleginnen und Kollegen an der Entwicklung teilhaben. Sie sollen Teil des Ganzen sein. Tasks & Teams lebt von der offenen Struktur, davon, dass nichts festgezurrt und festgeschrieben ist – und dass da noch reichlich Platz ist für »eigene Notizen«, eigene Akzente und Vorschläge.

Deshalb ist das, was wir hier machen, auch kein Rezeptbuch. Wir können Ihnen nicht sagen: Nehmen Sie Zutat A und Zutat B, vermengen Sie das mit Zutat C, lassen Sie das zwei Stunden ziehen, kochen Sie es auf – und fertig ist die neue Arbeitsorganisation. Wer so vorgeht, hat beim »Kochen« ein klares Ziel vor Augen. Und das ist sicher auf das klassische Führungsverhalten übertragbar: Klare Ziele sind das Nonplusultra. Nur wer ein klares Ziel vor Augen hat, kann erfolgreich sein. Wie der Koch sein Rezept verarbeitet, so geht es im Unternehmen darum, den »Teller« wie geplant zu füllen.

KOCHEN MIT DEM, WAS DA IST

Die Erfahrung zeigt: Gutes Kochen kann auch anders gehen. Indem man in die Küche geht, schaut, was da ist und wie man es einsetzen kann. Bei diesem Ansatz entstehen dann die richtig guten Gerichte. Die Entrepreneurship-Expertin Saras D. Sarasvathy von der University of Virginia beobachtet seit vielen Jahren erfolgreiche Unternehmen, zieht meist den Koch-Vergleich und kommt zu dem Schluss: Erfahrene Unternehmer prüfen beim »Kochen« nicht, was fehlt. Sie schauen, was sie haben. Sie kommen »erkundend ins Handeln«, sagt Sarasvathy.

Erfahrene Unternehmer brauchen kein Rezept. Sie stöbern durch den Kühlschrank, den Vorratsschrank und kochen mit dem, was sie dort vorfinden. Das heißt: Sie nutzen die Ressourcen, Kompetenzen, Fähigkeiten und Fertigkeiten, die ihnen zur Verfügung stehen.

Es geht eben nur bedingt darum, einen aufwendigen Plan zu entwickeln und alles bis ans Ende durchzudenken. Es geht vielmehr darum, viele kleine Schritte zu gehen, zu nutzen, was unmittelbar zur Verfügung steht, und diejenigen mitzunehmen, die mitmachen wollen. Es geht darum, offen und beweglich zu bleiben. Bei dieser Haltung kommen die Ideen, bei diesen »Vorgaben« entsteht etwas.

Genau deshalb verbinden wir die Einführung von Tasks & Teams nicht mit der Einführung eines konkreten Rezeptbuchs. Auch – und gerade – weil wir uns unserer Verantwortung bewusst sind. Wir sind ja kein Zehn-Mann-Start-up aus Berlin-Mitte, das mal eben neue Innovationsstrategien verfolgt und alle Hierarchien aufgegeben hat. Wir sind ein großes Unternehmen mit einer großen Tradition und einer großen Verantwortung, auch gegenüber unseren Mitarbeitern. Und Sie können sich sicher sein, wenn ein traditionsbewusstes, solide geführtes und höchst erfolgreiches Unternehmen wie B. Braun sich entschließt, die Arbeit neu zu organisieren, dann ist das kein Hasardeur-Projekt – sondern eine kluge Entscheidung für einen neuen Weg.

Auf die Frage, was es braucht, um sowohl den Markt- als auch den Mitarbeiterbedürfnissen gerecht zu werden, gibt es also keine allein gültige Antwort. Pauschale Patentrezepte und Standardlösungen mit Rundum-sorglos-Effekt wird man vergeblich suchen. Doch eines ist spätestens seit dem internationalen Bestseller *Reinventing Organizations* von Frédéric Laloux klar: Da, wo es in Unternehmen hakt, wird noch immer mit komplizierten Tools in einer zunehmend komplexen Welt operiert. Das kann nicht fruchten.

»WENN ORGANISATIONEN AUF STRUKTUREN UND PRAKTIKEN BAUEN, DIE VERTRAUEN UND VERANTWORTUNG FÖRDERN, ERLEBEN WIR, DASS AUSSERGEWÖHNLICHE UND UNERWARTETE DINGE GESCHEHEN.«

Frédéric Laloux

Die gute Nachricht lautet jedoch: Das muss es auch nicht. Anhand zahlreicher Beispiele haben Autoren wie Laloux, Brian Robertson, Niels Pfläging oder Bernd Oestereich aufgezeigt, dass es ebenso gangbare wie individuelle Wege aus der gefühlten Sackgasse gibt. Unternehmen wie Spotify, Semco oder W.L. Gore Associates leben vor, dass nicht nur umwälzende Transformationsprozesse, die tief in Strukturen und Prozesse eingreifen, sondern auch kleine, aber wirksame Veränderungen in der Zusammenarbeit höchst willkommene Wirkungen zeigen.

Neben vielen kleinen Start-ups experimentieren immer mehr Großkonzerne wie SAP, Audi oder der Springer-Verlag mit innovativen Arbeitsformen. Unternehmen wie Ikea, Aldi oder Statoil leben bereits dezentrale Entscheidungsstrukturen und lassen sogar bisherige Formen der Budgetierung mit Erfolg hinter sich. Das zahlt nicht nur auf das Konto des Unternehmenserfolgs ein, sondern wird auch dem Bedürfnis nach Sinn und Erfüllung des Einzelnen gerecht.

B. Braun ist auch hier ein Vorreiter. Wir haben uns bereits vor 14 Jahren vom klassischen Planungsprozess verabschiedet. Eine zeitaufwendige Geschäftsjahresplanung – top-down, bottom-up – ist seitdem Vergangenheit. Stattdessen führen wir auf der Basis von Ist-Ergebnissen und haben einen innovativen »Latest Estimate«-Prozess im gesamten Unternehmen etabliert.

WAS IST WIRKLICH NEU?

Was ist daran wirklich neu? Die Frage haben wir immer wieder beantworten müssen, wenn wir Tasks & Teams vorgestellt haben. »So arbeiten wir doch schon längst!«, heißt es dann zum Beispiel.

Ja, es gab auch in der Vergangenheit bereits Entwicklungen im Unternehmen, die auf Tasks & Teams hindeuteten. Beispielsweise die Organisation der Vorstandssekretariate. Früher galt: ein Vorstand – ein Vorstandssekretariat. Ein tolles Vorstandsbüro und ein gut ausgestattetes Sekretariat. Heute gibt es keine Einzelbüros mehr, auch der Vorstandsvorsitzende arbeitet am wechselnden Arbeitsplatz oder Cockpit. Vier Vorstände teilen sich einen Pool von Vorstandsassistentinnen, jede hat Zugriff auf alle Kalender und ist für jeden Vorstand ansprechbar. Wir haben zwar noch eine gewisse Zuordnung von Assistentin zu Vorstand, dennoch arbeiten alle gemeinsam im Sinne von Tasks & Teams.

Die Antwort auf die Frage »Was ist neu?« lautet aber vor allem: Neu ist die Art, wie wir ans Ziel kommen. Von außen betrachtet mag es etwas chaotisch wirken. Doch was wir im Ausprobieren, in der Praxis von Tasks & Teams festgestellt haben: Statt Chaos haben wir fast mehr Ordnung als zuvor. Es ist nur eine ungewohnte Ordnung. Wir haben uns so daran gewöhnt, das Organigramm als einzig würdiges und taugliches Ordnungssystem zu sehen, dass der Blick für neue Ordnungen getrübt war.

Die neue Struktur durch Tasks & Teams verhandelt Ordnung neu, ist aber nicht weniger stabil. Die Ordnung durch Organigramme hat viel mit Eingliederung zu tun, mit Unter-Ordnung, die Ordnung durch Tasks & Teams erfordert viel Selbstdisziplin. Sie erfordert klare Prozesse, nach denen unser Organisationssystem weiterentwickelt werden kann. Eben gerade deshalb, weil wir Arbeit sehr ernst nehmen.

So ernst, dass wir sie nicht irgendwo durch ein Organigramm schleusen wollen. Wir stellen die Aufgaben, die Tasks, jeweils in den Mittelpunkt – um schneller ans Ziel zu kommen.

DER KRITISCHE STUHLKREIS

Im Februar 2017 veranstalteten wir ein erstes Kick-off-Treffen. Wir wollten die Idee »Tasks & Teams« vorstellen, zunächst in der Kommunikationsabteilung und in der Internationalen Personalabteilung. Insgesamt betraf es in diesem ersten Schritt 60 Mitarbeiterinnen und Mitarbeiter. Das Kick-off-Seminar war schon ein erstes Circle-Meeting. Um einen Stehtisch gruppierten sich die Teams aus der Abteilung in Kreisform. Wir standen da wirklich in einem großen Kreis. Und in der Mitte, am Tisch, stand Bernadette Tillmanns-Estorf. Es sollte um eine wichtige, die entscheidende Frage gehen:

Warum?

Jemand fragte, warum wir das machen wollten – das Organigramm sprengen und durch etwas Neues, eine neue Form der Zusammenarbeit ersetzen. Und wie die Selbstorganisation gelingen solle? Warum gerade der Circle eine vielversprechende Form sei? Und, und, und. Es wurde eine sehr lebendige Sitzung. Und eine Sitzung, in der ich nicht alle Fragen beantworten konnte. Denn das Ende unseres gemeinsamen Weges kannten wir alle noch nicht. Aber auch das heißt »agiles Arbeiten«.

Die Kollegen stiegen voll ein, wollten mehr wissen, sahen schnell die Möglichkeiten, durch die Circle Organisation mehr Kreativität, mehr Ideen in den Alltag einbringen zu können. Wir diskutierten die Fragen, was selbstorganisiertes Arbeiten überhaupt ist und warum es notwendig ist. Die, die das alles für Quatsch hielten, fragten häufiger nach dem Ziel, wollten konkrete Antworten zu Job-Titeln, Vertragsgestaltungen und anderen Personalfragen.

Diese Antworten konnte und wollte ich nicht geben. Denn es geht nicht mehr um einen Titel im Kästchen oder auf der Visitenkarte. Zumindest gibt es am Anfang viel Wichtigeres. Es geht um eine neue Episode für Zusammenarbeit. Deshalb beschäftigten wir uns in unserer Circle-Sitzung nun konkret mit diesem Thema – Zusammenarbeit. Wir umrissen das Circle-Modell, diskutierten, wie in den Circles gearbeitet werden sollte, wie oft sich Circles treffen sollten, wer sich wie für einen Circle qualifizieren könnte.

Es war lebendig und kontrovers. Ich betonte, dass es nicht um Stellenredu-zierung gehe, dass keiner Angst haben müsse. Die meisten waren überzeugt. Sie freuten sich auf das gemeinsame Experiment, sahen in den Circles die Möglichkeit, mehr und schneller etwas auszuprobieren und eben nicht im-mer abzuwarten, bis eine Führungskraft die Zeit findet, eine Entscheidung zu treffen. Insgesamt diskutierten wir mehr als zwei Stunden. Einer fragte gegen Ende noch, ob wir dann überhaupt noch Führungskräfte brauchen. Das hatte schon fast etwas Revolutionäres. Und natürlich haben wir eine Antwort auf diese Frage. Und nein, wir wollen die Führungskräfte nicht ab-schaffen. Doch dazu gleich mehr.

WAS MITARBEITER ÜBER TASK & TEAMS DENKEN

»Ich bin ein bisschen pessimistisch, was die Umsetzung von
Tasks & Teams im ganzen Unternehmen angeht. Ich glaube nicht,
dass es sich flächendeckend umsetzen lässt. Bei uns gibt es noch
einige Mitarbeiter, die diesen Schritt niemals gehen werden.
Tasks & Teams ist ja auch ein Kampf gegen die Bequemlichkeit.
Da wird ja einiges auf den Kopf gestellt. Aber genau das ist es,
was ich daran so faszinierend finde.«

WELCHE ROLLE FÜHRUNG SPIELT

Unsere Erfahrung der letzten Monate zeigt, dass im gleichen Maße, wie wir die Arbeit neu organisiert haben, auch die Freude an der Arbeit steigen kann. Die Mitarbeiter erleben ein kollegialeres Umfeld, es wird mehr gelacht – und das führt dazu, dass ein Großteil der Führungskräfte in Furcht ist.

FÜHREN HAT AUCH MIT LOSLASSEN ZU TUN.

Das haben die Gespräche gezeigt. Sie haben Furcht vor dem, was da kommt, weil sie wohl aufgeben müssen, was sie sich hart erarbeitet haben. Was auch für sie ein Gewinn sein kann, weil funktionale und disziplinarische Aufgaben entfallen und mehr Zeit entsteht – zum Beispiel für das Coaching von Mitarbeitern, aber auch für die sinnstiftende Mitarbeit in den Circles.

WARUM MITARBEITER VON DEN CIRCLES ÜBERZEUGT SIND

»Insgesamt muss ich sagen, werden mit Tasks & Teams die Entscheidungen bewusster getroffen. Man hört dem anderen mehr zu, und man hat gemeinsam ein viel größeres Interesse daran, zu einer Entscheidung zu gelangen. Gut, bei einem Mini-Projekt würde ich nun nicht einen Circle aufrufen. Aber sobald es etwas größer ist, sobald ein Projekt umfangreicher wird, habe ich es sehr zu schätzen gelernt, mit mehreren nach einer Lösung zu suchen. Das ist ja eine ganz einfache Rechnung: In einem Circle mit fünf Mitgliedern hat man fünfmal mehr Ressourcen, fünfmal mehr Kompetenzen, fünfmal mehr Fantasie. Und dadurch kann man die Projekte beschleunigen.«

Führung brauchen wir weiterhin. Teilweise wird sie unter Tasks & Teams auf mehrere Schultern verteilt (was Entscheidungen im Circle, Priorisierung der Themen im Circle und Repräsentation der verschiedenen Circles betrifft). Aber in einer Organisation unserer Größe geht es legal nicht ganz ohne Führungspositionen. Außerdem macht es sozial und fachlich Sinn, wenn Mitarbeiter eine übergeordnete »Heimat« haben. In disziplinarischen Teams sorgen die Führungskräfte dafür, dass die Mitarbeiter alle nötigen Informationen und die Unterstützung haben, die sie brauchen, um ihre Arbeit zu machen. Die Führungskraft kann Coach sein und dafür sorgen, dass die Teams leistungsfähig sind und dass Hindernisse aus dem Weg geräumt werden.

PERSONALMANAGEMENT – EINIGE WICHTIGE PUNKTE

› Mitarbeitergespräche dürfen nicht einmal im Jahr auf Anordnung stattfinden. Sie müssen zur ständigen Routine werden.
› Persönliche Ziele sollten nicht mit monetären Incentives verknüpft werden.
› Die von Mitarbeiter und Führungskraft gemeinsam zu beantwortende Frage sollte nicht lauten: »Wie kann ich Karriere machen?«, sondern »Wie kann ich Verantwortung übernehmen?«
› Man kann Abteilungen und Bereiche auch durch ein Board führen, analog zur Führung eines Unternehmens, die auf einen mehrköpfigen Vorstand verteilt ist.

Was eine Führungskraft nicht mehr ist: der große Zampano. Denn gerade Befehl und Gehorsam passen nicht zu Tasks & Teams. Es sollen ja alle mitdenken und hinterfragen können. Wir werden auch weiter Führungskräfte und Führungsteams brauchen, die insofern eine klare Ansage machen, als sie übergeordnete Ziele und den Rahmen vorgeben können. Und falls es bei der Übernahme von Aufgaben zu »Cherry Picking« kommen sollte, braucht man manchmal doch noch eine Eskalationsstufe, um Jobs zu verteilen.

WAS MAN FALSCH MACHEN KANN BEI TASKS & TEAMS

1. Tasks & Teams funktioniert auf der Basis von Vertrauen. Sicher ist aber, dass agile Praktiken allein nicht ausreichen, um Vertrauen aufzubauen. Wir können uns nicht darauf verlassen, dass das Vertrauen damit schon irgendwie kommt. Vertrauen muss gegeben werden. Das bedeutet kontinuierliche Arbeit.
2. Den Prozess einfach so laufen zu lassen wäre riskant. Sicher, wir wollen zu Selbstorganisation und Eigenverantwortung übergehen. Aber hierfür benötigen die Mitarbeiter Methodenkompetenz, und sie benötigen auch Training und ein gewisses Maß an Anleitung. Deshalb werden einige Mitarbeiter derzeit zu Prozess-Lotsen ausgebildet.
3. Komplett falsch wäre es, Mitarbeitern zu signalisieren, es gebe eine absolute Autonomie bei den Entscheidungen, und dann die getroffenen Entscheidungen gleich wieder infrage zu stellen. Das würde den Prozess abwürgen, ehe er richtig begonnen hat.
4. Tasks & Teams heißt nicht, dass die Arbeit weniger wird. Es geht darum, die Priorisierung von Aufgaben ernst zu nehmen.

WAS ZÄHLT ERFAHRUNG?

Es ist eine natürliche Sache: Ein Mitarbeiter, eine Führungskraft ist seit zehn Jahren in seinem Bereich tätig. Er hat sich bewährt, hat gute Impulse gesetzt, kann sich im Unternehmen behaupten. Er hat Ideen und kann diese umsetzen. In den zehn Jahren hat er einiges erlebt, er hat Probleme gelöst, kann seine Kolleginnen und Kollegen einschätzen, weiß, wie jemand reagiert und warum er das tut. Mit den Jahren hat er Methoden getestet, um Aufgaben zu delegieren und auch für gute Stimmung zu sorgen. Er hat die Kultur des Unternehmens verinnerlicht, lebt den besonderen B. Braun-Spirit, weiß, was es heißt, sich in einem Konzern wie diesem zu bewähren. Keiner will auf ihn verzichten, er ist ein wichtiger Baustein. Er selbst hat noch etwas vor, sieht seine derzeitige Stelle nicht als Endpunkt, er will in der Hierarchie weiter aufsteigen. Weiß aber, dazu braucht es Geduld. Denn die Scheuklappen aufsetzen, Ellbogen ausfahren und unerbittlich am Aufstieg arbeiten, das entspricht nicht der B .Braun-Haltung. So ist man nicht bei B. Braun.

Machen wir es kurz: Was zeichnet den beschriebenen Kollegen aus? Genau: die Erfahrung. Er ist erfahren. Er kann auf etwas blicken. Er hat etwas erreicht, ist ein geschätzter Kollege. Und nun, nun kommt Tasks & Teams, nun kommen die Circles, nun wird aufgelöst, wofür er gearbeitet hat. Zumindest sieht er es so. Aus seiner Sicht kommen nun ein paar Kollegen auf die Idee, eine gut geölte Maschinerie, eine gut austarierte Struktur ohne Not aufs Spiel zu setzen. »Wir stehen doch nicht mit dem Rücken zur Wand«, denkt er. »Warum? Warum zählt nicht, was bisher war?« Damit ist dieser Mitarbeiter nicht allein.

Das ist eine der zentralen Aufgaben bei der Umsetzung von Tasks & Teams: einerseits die Erfahrung der Kolleginnen und Kollegen zu respektieren und diese Erfahrung auch zu nutzen. Aber andererseits eben nicht im Sinne der Auffassung: »Ich bin der Erfahrene, deshalb stimmt, was ich sage!« Erfahrung ist heute tatsächlich ein sehr relativer Begriff. Man muss nicht nur auf die Technologie blicken und schauen, wie beispielsweise das Smartphone in wenigen Jahren das Kommunikations- und Sozialverhalten von Menschen verändert hat – auch Produktionsprozesse haben sich komplett gewandelt. So bitter das ist: Was vor 10, 20 Jahren eine Selbstverständlichkeit war, ist es heute nicht mehr.

SEIEN SIE KRITISCH MIT DEM, WAS SIE IN DER VERGANGENHEIT GELERNT HABEN.

Hinzu kommt: Wir mögen in Deutschland einen ausgeprägten Sinn für Tradition haben, für Bewahrenswertes, aber wir müssen aufpassen, dass wir dadurch nicht zu museal werden. Zu selbstvergessen in alten Errungenschaften schwelgen. Und genau deshalb ist es mutig und richtig, in guten Zeiten den Wandel einzuleiten, um gewappnet zu sein. Daher stehen die Kolleginnen und Kollegen vor der Aufgabe, sich zu wandeln und andere Methoden

ERFAHRUNG

Den Umgang mit Erfahrung zeige ich, Heinz-Walter Große,
in Vorträgen oft an folgendem Beispiel. Gezeigt wird

Dann frage ich, welche der beiden Linien länger ist. Fast
alle kennen dies als ein Beispiel für eine optische Täuschung,
in der beide Linien gleich lang sind. So lauten dann auch
nahezu 100 Prozent der Antworten. Meine Frage aber war,
welche Linie länger sei. Die Zuhörer haben kein Vertrauen
in die Frage, sondern vertrauen auf alte Erfahrungen.
Wenn wir nun aber die Seitenpfeile wegnehmen, ist
tatsächlich eine Linie länger:

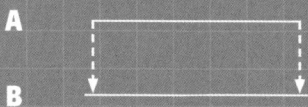

Das führt zu großem Erstaunen – die Erfahrung hat einen
doch anderes gelehrt!

auszuprobieren – und eben nicht mit der Erfahrung zu argumentieren. Wer nur mit Erfahrung argumentiert, tötet ein Voranschreiten. Wer sagt, wir haben das immer so gemacht, zeigt, wie wenig er bereit ist, es auch mal anders zu machen. Erfahrung ist gut und wichtig, und gut und wichtig ist es auch, dass die Erfahrung in neue Prozesse einfließt – Erfahrung kann und darf aber nicht die alleinige Antwort auf alles sein.

WARUM MITARBEITER VON DEN CIRCLES ÜBERZEUGT SIND

»Wir haben eine Aufgabe, ein Ziel und müssen schauen, wer einen dabei unterstützen kann. Es ist nie ausgeschlossen, dass die eine entscheidende Kompetenz irgendwo im Unternehmen schlummert. Bisher wurde das nur durch Zufall sichtbar. Wenn Mitarbeiter nicht zuständig waren und es dennoch hätten meistern können, stellte man das vielleicht nebenbei fest, beim Essen, in der Kantine oder beim Heimweg, weil der eine Kollege erzählte, wie er das Problem angegangen wäre und was daran besser gewesen wäre. Dann fragte man nach: ›Und warum hast du das nicht gemacht, Mensch, das wäre doch die Lösung gewesen?‹ – ›Nun ja‹, hieß es dann, ›da bin ich ja nicht zuständig, das gehört nicht in meine Abteilung.‹ In der alten Welt wäre die Aufgabe immer an jenem besagten Kollegen vorbeigegangen, obwohl er gute Ideen gehabt und sie sicher hätte lösen können. In Zeiten von Tasks & Teams kann er sich darum bewerben, an der Lösung der Aufgabe im Circle mitzuwirken. Wenn er entdeckt, dass es das Projekt gibt, bei dem er sich schon lange hatte einbringen wollen, dann stehen ihm heute die Circle-Türen offen.«

Tasks & Teams basiert also auf dem Vertrauen in Erfahrung und der Einschätzung, dass sich Kompetenz durchsetzt, egal ob im Kästchen oder nicht. So wird es »Leader« geben, die keine Führungskraft sind.

DAS DOPPELTE V: VERTRAUEN UND VERANTWORTUNG

Im Grunde geht es bei unserer neuen Form der Zusammenarbeit nicht um Führung – sondern darum, Vertrauen zueinander zu haben. Zu wissen, dass wir einander brauchen und dass jeder seine Kompetenzen einbringen soll. Es geht darum, Verantwortung zu übertragen. Und das glauben wir mit den Circles zu erreichen. Darin sehen wir die Chance der Circles.

WARUM MITARBEITER VON DEN CIRCLES ÜBERZEUGT SIND

»Ich musste schon über meinen Schatten springen. Anfangs war das nicht so leicht. Weil Tasks & Teams schon ein gewisses Maß an Extrovertiertheit erfordert. Man muss sich ja zeigen, muss eine Aufgabe anpacken wollen. Früher hat die Führungskraft gesagt, was sie von einem erwartet und bis wann dies und jenes erledigt sein sollte. Heute entscheiden wir das in den Circles. Das ist schon eine Herausforderung.

Und dann ist es ja nicht so, dass die Arbeit oder die Termine weniger werden. Ich sitze zum Beispiel in fünf Circles, man trifft sich so ein- oder zweimal pro Woche. Das muss alles gut organisiert sein, und man muss immer gut vorbereitet sein. Auch haben wir oft einen sehr hohen Abstimmungsbedarf, jeder soll ja miteinbezogen werden. Daran mussten wir uns erst gewöhnen. Aber für mich kann ich sagen: Ich habe davon profitiert, ich habe viel mehr das Gefühl, die Sachen selbst in die Hand zu nehmen und nicht mehr abhängig zu sein von den Entscheidungen der Führungskraft.«

Es geht nicht darum, ein Hierarchie-Modell durch das nächste, schickere zu ersetzen. Sondern unseren Kolleginnen und Kollegen die Möglichkeit zu eröffnen, mehr Verantwortung zu übernehmen. Das Signal, das davon ausgeht, ist: Habt Vertrauen. Ihr könnt euch beteiligen.

WARUM MITARBEITER VON DEN CIRCLES ÜBERZEUGT SIND

»Was mich wirklich überzeugt: Ich spüre viel mehr Vertrauen und Sicherheit. Ich vertraue meinen Kollegen mehr, auch weil ich sie besser kennengelernt habe. Und dass man die Dinge selbst in der Hand hat, gibt einem mehr Sicherheit. Man fühlt sich nicht so ausgeliefert.«

Ein weiteres wichtiges Signal ist: Wir bauen hier jetzt keine Partyzone auf. Es geht nicht darum, weniger zu arbeiten und dass alles easy und flockig wird. Es wird bestimmt nicht weniger Arbeit. Aber wir wollen die Arbeit besser organisieren – und sie damit effizienter machen. Wir wollen effizienter zusammenarbeiten.

WARUM MITARBEITER VON DEN CIRCLES ÜBERZEUGT SIND

»Wir lassen uns ausreden, und wir achten mehr auf die Zeit. Lange Monologe und Selbstdarstellungen gibt es nicht mehr. Das würde uns nur aufhalten. Wir haben den Blick auf die Uhr gerichtet und kommen schnell auf den Punkt. Das beschleunigt Entscheidungsprozesse. Früher haben wir uns mit Nebensächlichkeiten, mit alten Konflikten aufgehalten.«

ÜBER DAS AUSROLLEN

Wann immer ein Konzept erfolgreich zu sein scheint, folgt immer schnell die Frage des »globalen Roll-outs«. Dann gibt es Pläne und Ressourcenplanung. Was für eine Software oder ein Kommunikationskonzept sinnvoll ist, hat aber bei einer neuen Arbeitsweise keine Chance. Tasks & Teams soll ansteckend wirken, es soll viral werden. Der Wunsch soll entstehen, ein Teil davon zu sein. Die Idee sollte sich am besten selbst ihren Weg durchs Unternehmen bahnen – sanft unterstützt von uns, aber eben nicht befohlen. Man soll davon hören, soll dabei sein wollen, soll mitmachen wollen. Es sollte nicht nach Verordnung aussehen.

Ein neuer Geist lässt sich nicht verordnen, der wächst, der entsteht durch Machen, durch Anschauung, durch Nachmachen. Ein neuer Geist entsteht durch neue Mitstreiterinnen und Mitstreiter, die die Idee weitertragen – und die Idee weiterentwickeln. Das ist ja auch der entscheidende Wesenszug von Tasks & Teams.

Wir sehen es nicht als ein endgültiges Konzept, als ein Konzept, das beispielsweise eine Unternehmensberatung nach einer langen, aufwendigen (und teuren) Analyse für uns entwickelt hat und das wir nun einfach Stück für Stück umsetzen. Das ist es eben nicht. Nicht alles ist beantwortet. Gemeinsam suchen wir Schritt für Schritt nach Lösungen.

Tasks & Teams heißt, die Mitarbeiter auf einem Weg zu begleiten, dessen Ziel man noch nicht genau kennt, von dem man aber sicher ist, dass es der bessere, der schnellere Weg ist. Hinzu kommt, dass die Mitarbeiter über die Ausgestaltung des Wegs, ja über die genaue Richtung und die Geschwindigkeit entscheiden können. Genau dann wird es interessant: Wenn Mitarbeiter nicht nur blind den Befehlen gehorchen, sondern eigenverantwortlich den Weg gehen. Außerdem bleibt das ganze Wissen in der Organisation und wird hier weiterentwickelt. Und nicht bei einer Beratungsfirma. Nicht zuletzt sind die eigenen Kolleginnen und Kollegen die besten Vermittler des Neuen. Sie wirken als Multiplikatoren. Von denen lernen, die die Veränderung bereits begonnen und erlebt haben: Das überzeugt.

TEAMS UND CIRCLES
AUS MITARBEITERSICHT

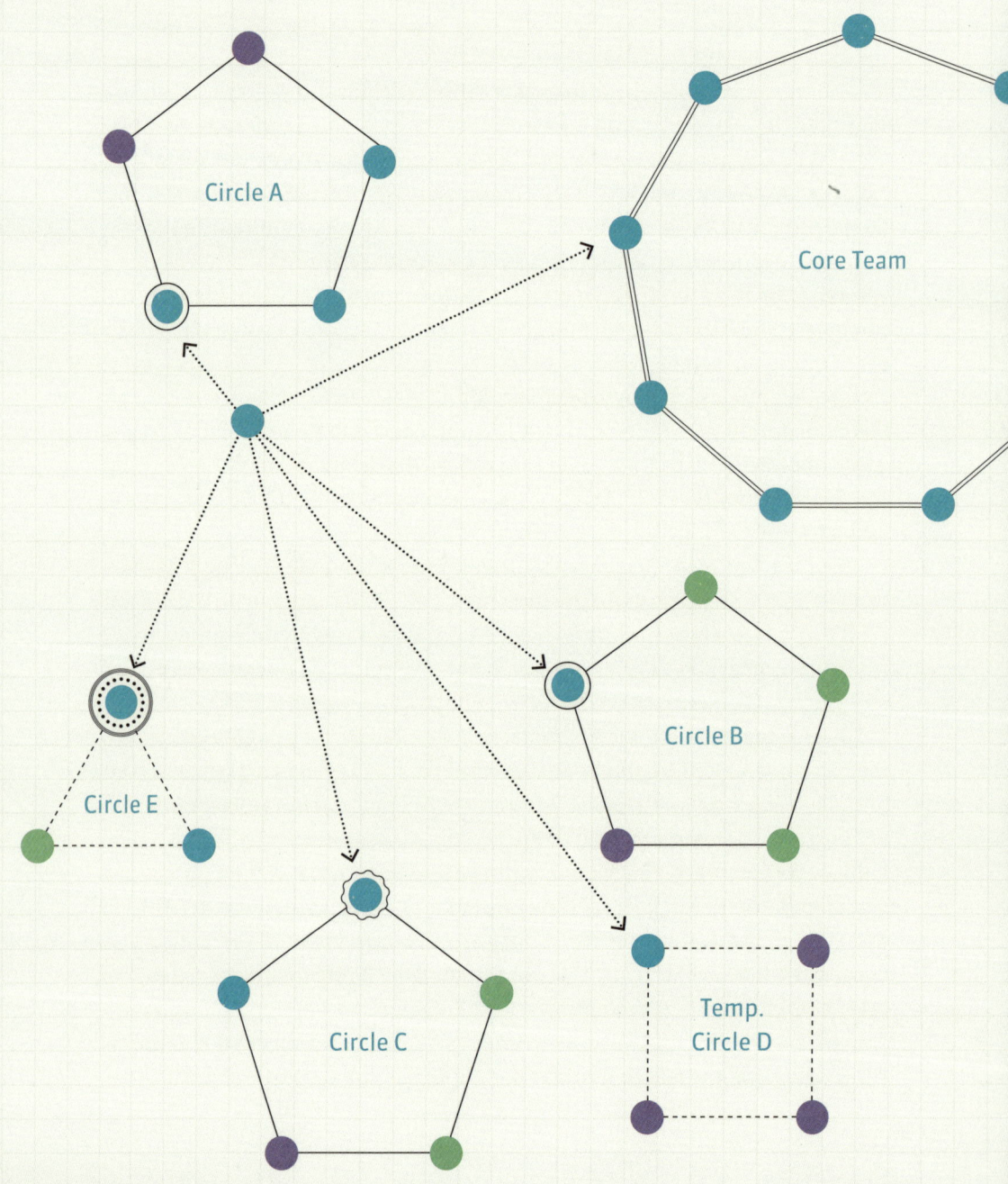

Circle A

Core Team

Circle E

Circle B

Circle C

Temp.
Circle D

WARUM MITARBEITER VON DEN CIRCLES ÜBERZEUGT SIND

»Ich schätze es sehr, dass Gewohnheiten infrage gestellt werden. Das fängt mit der Meeting-Organisation an. Wir haben schon ›Meetings im Freien‹ oder ›Walking-Meetings‹ gemacht. Das Schöne dabei ist, dass wir die Veränderung auch für andere sichtbar machen. Klar, das sieht nicht für alle wie Arbeit aus, wenn wir da durch den Garten gehen, aber eine Veränderung sieht zunächst nie nach etwas aus, was es schon gibt. Mich überzeugt es auch, dass ich Menschen auf Augenhöhe begegnen kann, dass wir das hierarchische Denken etwas abgeschafft haben. Vor allem macht das ja auch die Arbeit effizienter. Früher dauerte es lange, eine Freigabe für etwas zu bekommen – das geht heute schneller, weil die Entscheidung der Führungskraft »abgenommen« wird. Es geht aber nicht darum, dass jemand Macht verliert. Es geht darum, dass wir mithilfe des fachlichen Inputs zur besten Lösung kommen. Außerdem haben die Circles einen guten Multiplikationseffekt. Was darin besprochen wird mit Mitgliedern aus anderen Bereichen, das wird dann weitergetragen, daran können viele teilhaben.«

COACHES FÜR DEN WANDEL

Im Lauf des Prozesses entdecken wir immer neue Möglichkeiten, aber auch neue Notwendigkeiten. Das haben lebendige Prozesse so an sich.

So sind wir derzeit dabei, eine Anzahl von Mitarbeiterinnen und Mitarbeitern zu Meeting-Piloten und Prozess-Lotsen auszubilden. Sie sollen Coaches für den Wandel werden.

Sie werden andere Mitarbeiter bei der Umsetzung von Tasks & Teams begleiten und unterstützen. Sie werden Fragen beantworten, sie werden erklären, warum etwas nicht ein Durcheinander wird, was zunächst wie ein Durcheinander ausschaut. Sie sind auch so etwas wie die »Agenten« von Tasks & Teams, die das Wissen und die Chancen ins Unternehmen tragen und weiterentwickeln.

Die Coaches können Führungskräfte sein. Sie müssen es aber nicht. Das führt dazu, dass nun auch junge Mitarbeiter als Coaches erfahrene Mitarbei-

EINE/N MEETING-PILOTEN/-PILOTIN (M/W)

UND

EINE/N PROZESS-LOTSEN/-LOTSIN (M/W)

Um eine Idee umzusetzen, die die Tür in eine neue Arbeitswelt aufschlägt, suchen wir zum nächstmöglichen Zeitpunkt eine/n Meeting-Piloten/-Pilotin (m/w) sowie eine/n Prozess-Lotsen/-Lotsin (m/w) – und zwar bei uns im Haus.

Was wir erwarten:
Sie sind mit dem Tasks & Teams-Prozess vertraut.
Sie sind offen und neugierig.
Sie verfügen über eine hohe Kommunikationskompetenz.
Sie sind empathisch, kreativ und können über den Tellerrand hinausblicken.
Sie können andere begeistern.

Was Sie erwartet:
Kolleginnen und Kollegen, die Meetings effizienter gestalten wollen.
Sowie einige Skeptiker und Skeptikerinnen.

ter mit einer ordentlichen Organigramm-Biografie in die neue Arbeitsform begleiten. Das heißt aber nicht, dass die einen das Ruder übernommen haben und die anderen, die einst oben standen, einen Bedeutungsverlust erleiden.

Nein, das ist nicht das Ziel. Vielmehr kann eben jeder Verantwortung übernehmen. Ob er es vorher schon getan hat oder nicht, spielt dabei keine Rolle.

DÜRFEN STATT MÜSSEN

Wir wollen Tasks & Teams nicht verordnen. Es würde nicht klappen, wenn wir per Rundmail eine neue Arbeitsstruktur anordnen würden. Wir sind so überzeugt von der Idee, dass wir auf die Sogwirkung hoffen. Wir haben so viele positive Reaktionen von Kolleginnen und Kollegen, dass wir sicher sind: Wenn wir es nicht top-down anordnen, wird es länger dauern, bis es sich unternehmensweit durchsetzt, aber es wird sich effektiver durchsetzen, wenn alle mitmachen wollen.

Wenn sie wollen, können und dürfen, aber nicht müssen. Das ist vielleicht der Makel an bisherigen Change-Prozessen, dass darin immer dieses »müssen« mitschwingt. Wir wollen etwas weniger müssen, dafür mehr »dürfen«, mehr »zulassen«. Und wir wollen, dass alle mehr »erleben« – und sich dadurch für Tasks & Teams begeistern lassen. Erleben, zu was man in der Lage ist, auch Selbstwirksamkeit genannt. Ich kann unmittelbar erleben, was meine Arbeit bringt, das ist ein Ergebnis von Tasks & Teams. Motivation und Befriedigung entstehen hier nicht durch den fancy Job-Titel, nicht durch die wohlformulierte Visitenkarte, sondern einfach nur aufgrund der Erfahrung: Was ich mache, hat Wirkung. Das ist enorm befriedigend und vor allem enorm motivierend. Und genau das ist Tasks & Teams. Es bringt etwas.

Die Frustration vieler Angestellter ist eng verknüpft mit der Erkenntnis, nichts bewegen zu können, nur ein Rädchen zu sein und – sofern noch vorhanden – eigene Ideen verpuffen zu sehen. In einer neuen Arbeitsorganisation, in der Angestellte nicht immer von unten nach oben schielen, nicht immer auf Lob und Anerkennung von »oben« hoffen (und diese nicht erhalten), kann jeder und jede »wirken«. Das wäre die Chance, um die Gallup-Studie auf den Kopf zu stellen. Endlich heißt es nicht mehr: Dienst nach Vorschrift.

ES SOLL WACHSEN UND GEDEIHEN

Die Entwicklung von Tasks & Teams ist nicht abgeschlossen. Das liegt auch daran, dass wir eben nicht sagen konnten und können: »Wir haben alles bis zum Schluss exakt durchgedacht und wissen genau, was passieren wird.« Wir waren und sind auch nicht in der Lage zu sagen: »Hier haben Sie die zehn wichtigsten Regeln und die Tools. Hier ist das Handbuch. Und jetzt haben Sie drei Monate Zeit, das zu verinnerlichen.«

Nein.

Tasks & Teams lebt davon, dass es wächst und gedeiht wie in einem Biotop und dass es Woche für Woche besser wird durch die Beiträge, den Enthusiasmus und die Ideen der Kolleginnen und Kollegen.

Wir geben »nur« den Anstoß zur Neusortierung. Wir signalisieren unsere tiefe Überzeugung. Wir signalisieren, dass wir absolut hinter den Kolleginnen und Kollegen stehen. Aber der eigentliche Wandel findet dann in den Köpfen statt. Und er findet jeden Tag in der Anwendung, im Selbermachen statt.

UNTERNEHMEN VOR TASKS & TEAMS HABEN

› lange, ausufernde, unstrukturierte Meetings,
› sowohl in Abteilungen als auch in Meetings oft mehr Teilnehmer als nötig,
› selbst für überschaubare Projekte lange Planungszyklen,
› bei vielen Aufgaben unklare Entscheidungsgrundlagen,
› vor allem meist lange Entscheidungsprozesse.

UNTERNEHMEN NACH TASKS & TEAMS HABEN

› moderierte Meetings,
› enge Zeitvorgaben bei Projekten,
› definierte Ziele bei Aufgaben,
› nur so viele Teilnehmer in einem Meeting, wie für eine Entscheidung benötigt werden,
› iterative Entwicklung und Erprobung, das heißt: Keiner geht davon aus, die perfekte Lösung zu haben, es wird probiert und in einem frühen Stadium getestet,
› die Arbeit in Sprints organisiert und keine gemächlichen Abstimmungsrunden,
› klare Ziele.

WAS IST SPRINT?

Der Arbeitsmodus Sprint stammt aus der agilen Software-Entwicklungs-methode Scrum. Ein Sprint ist eine Form der Zusammenarbeit, in der ein agiles Team innerhalb einer festgelegten Zeit (Time-Box) ein vorher festgelegtes Ziel in mehreren Iterationsschleifen erreicht. Im Scrum-Ansatz dauern Sprints üblicherweise einen Monat, in dieser Zeit arbeiten Teams fokussiert daran, das Ziel mit allen Anforderungen zu erreichen. Das Ziel ist das Ziel.
Die Fokussierung auf ein Thema und die vorherige Festlegung von Zielen helfen bei der Zusammenarbeit in Tasks & Teams. Die Circles nutzen Sprints, um ihre Themen voranzubringen. Das wird vor allem auch dadurch möglich, dass Themen priorisiert und dadurch teamübergreifend Schwerpunkte gesetzt werden. Im Alltag ist oft keine Zeit für Sprints von einem Monat, aber die Logik funktioniert auch schon, wenn nur ein Nachmittag zur Verfügung steht.

SKEPTIKER GEWINNEN

Mit Tasks & Teams gelingt es uns, sowohl intern als auch extern das Kästchendenken zu überwinden, zumindest anzukratzen.

Interessant ist, wie viel Skepsis, aber auch Interesse uns an anderer Stelle entgegenschlägt. Nicht unbedingt nur bei uns im Haus. Vielmehr bei anderen Unternehmen, bei Veranstaltungen von Verbänden, bei Podiumsdiskussionen und Kongressen. Es ist immer sehr spannend, das zu verfolgen. Denn wo immer wir über unseren Sturz der Organigramme sprechen, wo immer wir erklären, warum wir die Kästchen auflösen, stoßen wir zunächst auf großes Unverständnis. Keiner kann glauben, dass wir unser Unternehmen ohne Organigramme organisieren wollen, keiner kann sich vorstellen, wie eine Firma, zumal von unserer Größe, ohne Organigramme existieren könnte.

Dann sprechen wir zehn Minuten, erklären unsere Sicht, berichten, wie wir ein Mehr an Personal zu verzeichnen haben und wie schnell sich bei uns im Unternehmen neue Abteilungen bilden, wie schnell einer sagt: »Aber da brauche ich zwei Mitarbeiter.« Schon merkt man, wie die Zustimmung wächst. Plötzlich reden alle davon, wie sie das bei sich auch beobachten, dass sie genau diese Auswüchse kennen.

Die meisten zählen dann selbst Beispiele aus ihrer eigenen Umgebung auf und erzählen, wie aus einer überschaubaren Abteilung plötzlich drei weitere Abteilungen mit zusätzlichen Mitarbeitern geworden sind. Wie sozusagen über Nacht ein Geflecht an neuen Zuständigkeiten, Verantwortungen und Abteilungen entstanden ist. Und wie diese ganzen Abteilungen strikt getrennt voneinander agieren, ja sehr viel Wert darauf legen, ihre Zuständigkeiten zu verteidigen. Denn ohne die klare Zuordnung gebe es die Abteilung ja gar nicht. Und so bläht sich das Organigramm schon allein aus einem Selbsterhaltungstrieb der Abteilungen immer weiter auf.

Das birgt wiederum weiter Probleme, weil noch mehr Entscheidungen getroffen werden, und zwar von den neuen Abteilungen, die oftmals nur einer Führungskraft »berichten« müssen. Und dann hören wir zu, hören, wie die Gerade-eben-noch-Skeptiker ins Reden kommen, wie sie exakt das berichten, was wir auch erlebt haben. Aber dass es am Organigramm liegen kann, dass die Arbeitsorganisation überholt werden muss, das wollten die wenigsten zu Beginn wahrhaben.

HALTUNGS-ÄNDERUNG

Die eine laute Aktion haben wir hinter uns, die Sprengung des Organigramms. Die neue Welt entsteht aber nicht durch einen lauten Knall, sondern Stück für Stück. Das bedarf vieler Worte, vieler Gespräche. Wir haben nun mehrfach erlebt, wie die Übernahme von Verantwortung motiviert – und wie die Begeisterung darüber ansteckend wirkt. Dieses leichte Glimmen sollte sich im Unternehmen durchsetzen.

So wie wir bei externen Terminen mit Worten überzeugen, so müssen wir auch nach innen überzeugen. Denn das Leben ohne Kästchen ist zunächst eine Aufgabe für den Kopf. Es fordert etwas Fantasie, sich vorzustellen, wie es ohne Organigramm geht. Und es muss auch verstanden werden, warum wir es tun, es muss eine Einsicht herbeigeführt werden, damit wir uns von dem verabschieden, was uns zur Gewohnheit wurde. Und wir müssen erklären, wie wir ohne Organigramme den Überblick behalten. Wie wir keine »Unordnung«, kein Chaos riskieren.

Deshalb stellen wir Tasks & Teams vor, gehen in den Vorstand, zu Mitarbeitern und Führungskräften, in den Betriebsrat – und merken dabei, wie überzeugend es ist, vor allem weil es sich mit wenigen Worten erklären lässt. Das ist ein Vorteil. Es ist kein umständliches Konzept. Es ist eingängig, vor allem wenn alle verstehen, auf was man verzichten will – und wie viel mehr an Freiheit, an Entfaltungsmöglichkeiten jeder Einzelne gewinnt.

Hierbei geht es aber auch um eine Haltungsänderung. Um eine Änderung der Haltung zur Arbeit, der Haltung zum Team, der Haltung zum Führen und Geführtwerden. Das ist nicht ohne. Das ist etwas Grundlegendes, etwas, das auch Zeit braucht.

»ICH WAR EINMAL EINE FÜHRUNGSKRAFT – WAS BIN ICH JETZT?«

»Es ist eine Umstellung, in der Tat. Ich bin schon sehr lange hier, bin seit einigen Jahren Führungskraft und nun dabei, Tasks & Teams umzusetzen. Das kostet Überwindung, vor allem manche Circle-Meetings. Als Führungskraft soll ich jetzt an einer Runde teilnehmen, in der gleichberechtigt ein Trainee oder eine Praktikantin sitzen, und in diesen Runden sollen wir komplexe und auch sensible Themen diskutieren.
Außerdem habe ich nicht mehr automatisch eine Führungsrolle, gerade in Meetings oder in der Projektsteuerung. Es wird ein Moderator ausgewählt, der das Sagen hat. Das kann ich sein, das muss nicht ich sein. Damit muss man klarkommen, dass beispielsweise ein Trainee ein Projekt steuert und man diesem zuarbeiten muss. Damit wird wirklich alles auf den Kopf gestellt. Plötzlich ist man Zuarbeiter. Vor einiger Zeit habe ich noch delegiert.
Das meine ich mit Umstellung: Der Trainee delegiert die einzelnen Tasks. Für mich heißt das: Ich muss teilen, muss auch Macht abgeben. Ich war ja auch derjenige, der ein Projekt oder ein von meinem Team erarbeitetes Ergebnis gegenüber dem Vorstand präsentiert hat.
Früher. Heute machen das auch andere.
Ich habe in gewisser Weise noch so etwas wie Karriere gemacht. Wie genau ein Karriereweg nun mit Tasks & Teams aussieht, das kann ich nicht sagen. Auch das ist etwas, was wir gemeinsam entwickeln werden. Es geht sicher weniger um Titel und Macht oder um die Stellung im Organigramm. Heute geht es mehr um die Anerkennung innerhalb der Teams und der Circles. Wir orientieren uns also nicht mehr immer nach oben. Sondern eher seitwärts. Das ist neu, wirklich neu. Da musste ich mich umstellen.«

Bei unserem neuen Bürokonzept war es einfacher. Und das aus einem simplen Grund: Ein Raumkonzept sieht man. Es überzeugt durch die bloße Anschauung. Wenn es statt der Einzelbüros übersichtliche Räume zur Kollaboration gibt, wenn es kein Chefbüro mehr gibt und der Chef mit den anderen in einem Raum sitzt, dann sind das sichtbare Veränderungen. Und wenn sie sichtbar sind, sind sie nachvollziehbar. Es gibt nicht mehr die abgeschotteten Bereiche, der Arbeitsplatz ist offener, ein Stück weit demokratischer geworden. Auch die neuen Kreativräume und Begegnungszonen lassen sich konkret erklären, und es wird schnell verstanden, warum und wieso.

DER ORT

Es ist kein Geheimwissen, dass Kreativität immer auch etwas mit der Umgebung zu tun hat. Triste Großraumbüros mit Stellwänden und traurigen Topfpflanzen bilden nicht die beste Umgebung für neue Ideen. Wer über den Tellerrand blicken will, sollte nicht an Stellwänden hängen bleiben. Wer Organigramme sprengt, kann nicht arbeiten wie im Angestellten-Pleistozän. Deshalb gilt es auch, Büros und Gebäude auf Vordermann zu bringen. Man muss nicht gleich den Weg der hippen Tech-Unternehmen gehen. Es braucht nicht die Rutsche in die Kantine und auch keine ausrangierten Berggondeln als Meetingraum, aber transparente Büroetagen, Kreativräume mit Stehtischen, mit Boards, mit Post-its sind wichtige Korrekturen, die die Zusammenarbeit nicht nur lockerer, sondern auch auch kreativer gestalten. Bei B. Braun haben wir unsere Räume behutsam, aber konsequent umgebaut. Eigene Büros haben wir schon vor 20 Jahren abgeschafft. Nun gibt es Besprechungszimmer, die nichts mehr gemein haben mit den »Besprechungszimmern« von einst, mit der u-förmigen Anordnung der Tische und den grauen Jalousien.

WARUM MITARBEITER VON DEN CIRCLES ÜBERZEUGT SIND

»Das Gute war, dass wir das Konzept auch in neuen Räumen umsetzen konnten. Schon vor Tasks & Teams hatte B. Braun begonnen, die Arbeitsumgebung in der Verwaltung neu zu gestalten. Wir haben keine festen Arbeitsplätze mehr, keine Bürozuordnungen, selbst unser Chef hat kein eigenes Büro mehr. Heute hat jeder seinen Rollkasten, mit dem er sich morgens einen Arbeitsplatz sucht.

Wenn jemand einen ruhigen Platz zum Telefonieren sucht, gibt es Telefonboxen, in die man gehen kann, oder man kann sich einen der Meetingräume buchen. Vieles ist offener gestaltet, man kommt leichter mit den Kollegen in Kontakt. Und die neuen Kreativräume haben sich wirklich bewährt. Es ist erstaunlich, wie offener man wird, wenn es nicht die alten Tischordnungen gibt. Ich finde es sehr inspirierend, dass man steht, dass man sich im Raum bewegen kann. Das hätte ich nicht gedacht, wie viel besser man zusammenarbeitet, wenn man sich von starren Raumkonzepten löst. Und unser neues Raumkonzept ist die ideale Umgebung für Tasks & Teams. Die Idee von Tasks & Teams ist es ja, Barrieren abzubauen, im Kopf, in den Hierarchien, in den Abteilungen. Da ist ein offenes Raumkonzept natürlich Gold wert.«

Eine Neuorganisation der Arbeit ist weniger leicht nachvollziehbar als ein neues Bürokonzept. Zumal man mit der Neuorganisation mehr verliert als nur seinen festen Schreibtisch. Denn wenn Führungskräften bewusst wird, dass sie Macht verlieren werden, wenn einmal eroberte »Fürstentümer« wegzufallen drohen, dann erleben Sie nicht nur Skepsis, dann riskieren Sie einen handfesten Widerstand.

WARUM MITARBEITER VON DEN CIRCLES ÜBERZEUGT SIND

»Ich finde es angenehm, dass das Thema ›Karriere‹ neu definiert wird. Früher war es schon so, dass viele oft nur an ihren Aufstieg gedacht haben, dass es bei vielen Meetings vor allem darum ging, sich besonders vorteilhaft zu präsentieren. Weil man Eindruck machen wollte. Da ging es dann oft gar nicht um die Aufgabe als solche oder um eine gute Idee. Da hatten manche dann nur ihren Aufstieg im Sinn. Das war nicht unbedingt gut für das Arbeitsklima. Heuten denken wir nicht die ganze Zeit vertikal. Heute ist die Blickrichtung eher horizontal. Die Aufgabe steht im Mittelpunkt. Und man kann Führungsverantwortung übernehmen, muss es aber nicht. Man geht eben nicht grundsätzlich an ein Thema ran und denkt: Was bringt mir das? Nutzt es mir? Wie kann ich mich am besten darstellen? Man fragt sich eher, wie man als Team die Sache gut bewältigt.«

Eine Führungskraft, die über Jahre hinweg ihren Platz erkämpft und verteidigt hat, die über Mitarbeiter und Zuständigkeiten verfügt, die sich viel Einfluss im Unternehmen erarbeitet hat, wird nicht so einfach sagen: »Prima, ab heute darf auch der Praktikant mitentscheiden, habe ich kein Problem damit. Und was ich über Jahre geleistet und aufgebaut habe, zählt nicht mehr? Auch gut!«

Nein. So einfach ist es nicht. Ehrlich gesagt ist bis heute eine Reihe von Führungskräften sehr skeptisch. Und das vor allem aus den genannten Gründen. Sie können sich ungefähr ausmalen, wie viel Überzeugungsarbeit wir leisten mussten und noch müssen.

DAS GROSSE DURCHEINANDER

Wir haben begonnen, den Gedanken von Tasks & Teams bei B. Braun zu verankern. Seit eineinhalb Jahren arbeiten wir am Wandel weg vom Einzelkämpfer und hin zum Teamplayer. Weg vom Organigramm, hin zur agilen Organisation. Bisher haben wir Tasks & Teams als Gesamtkonzept konsequent in zwei Abteilungen umgesetzt. Aber die Ideen sind schon an vielen

Stellen eingeflossen. Vieles lässt sich auch in kleinen Schritten umsetzen. Aber was für uns einleuchtend klingt, verursacht anderswo nicht selten große Furcht.

Die meisten befürchten ein großes Durcheinander. Sie sehen eine Neuorganisation vor sich, in der nichts zusammenpasst, jeder macht, was er will, und einmal Erreichtes nichts mehr zählt.

Genau darin liegt die Schwierigkeit. Menschen die Ordnung zu nehmen, ihnen zu sagen, diese Ordnung tue dem Unternehmen nicht gut, und ihnen dann etwas zu geben, was auf den ersten Blick nicht nach Ordnung aussieht – und was jeden Einzelnen zunächst mehr zu fordern scheint als seine bisherige Tätigkeit. Das müssen Sie erst einmal stemmen.

Das geht nur über Diskussionen, Erfahrungen und Beispiele. Wir gehen in Gespräche mit den Kollegen, wir reden und wollen mit konkreten Belegen überzeugen. Denn uns war von Anfang an klar: Das kann kein verordneter Wandel sein.

Sie können so etwas wie Tasks & Teams nicht delegieren, sie können nicht von oben herab die Umsetzung von Teamarbeit verordnen und in einem Nebensatz erwähnen, dass Organigramme und Hierarchien nicht mehr gelten. Vielmehr müssen Gespräche geführt werden, was man vorhat, wie man es angeht, warum man es macht.

JEDES JAHR AUF DERSELBEN FEIER

Wichtig ist es auch, von den bisherigen Erfahrungen zu berichten. Wir reden sehr viel in Beispielen, berichten von der praktischen Umsetzung, und wenn es nur die Organisation der Rentnerfeier ist. Die Rentnerfeier ist ein vortreffliches Beispiel. Sie ist ein Ritual, das seit Jahren in gleicher Weise begangen wurde, um die altgedienten Mitarbeiterinnen und Mitarbeiter von B. Braun zu ehren. Irgendwo war im Organigramm definiert, wer für die Feier verantwortlich ist, in wessen Zuständigkeit es liegt, sie vorzubereiten.

Der- oder diejenige hat die Feier entsprechend geplant: genauso wie im letzten Jahr. War man auf einer Feier, hatte man das Gefühl, auf derselben Feier schon mal gewesen zu sein. Déjà-vu war das Markenzeichen der Rentnerfeier. Im Zuge unserer Neustrukturierung hatte sich dann ein Team zusammengefunden, das die Rentnerfeier im Rahmen eines Temporary Circle neu erdachte. Und tatsächlich flossen neue Ideen ein, tatsächlich diskutierten Mitarbeiter aus unterschiedlichen Bereichen das Konzept der Feier.

Dabei entstand die Idee, aus der Feier eine Art Weihnachtsmarkt zu machen. Statt an langen Tischen zu sitzen, wurde die Atmosphäre aufgelockert, lebendiger. Und plötzlich haben wir aus dem Ritual, das man jedes Jahr routiniert abfeierte, eine hochinteressante Veranstaltung gemacht. Die Neugestaltung kommt gut an bei den Ehemaligen, denn in den Bemühungen um Erneuerung drückt sich nicht zuletzt auch Wertschätzung gegenüber den ehemaligen B. Braun-Kräften aus – und dass es eben nicht egal ist, wie die Feier aussieht, dass man das nicht als lästige Pflicht ansieht.

Das wiederum registrieren auch aktive Mitarbeiter sehr genau – dass man sich eben mehr Gedanken macht und das Wohl des Einzelnen mehr in den Fokus rückt.

WARUM MITARBEITER VON DEN CIRCLES ÜBERZEUGT SIND

»Wir haben jetzt so eine Art Start-up-Mentalität – ja, ich weiß, das ist ein Modethema, alle wollen wie Start-ups sein. Das geht natürlich nicht. Aber etwas von dieser Start-up-Kultur zu leben ist schon toll. Wir probieren Sachen aus, denken nicht immer an Traditionen oder sagen ›Das haben wir noch nie so gemacht‹. Wir entwickeln Dinge auch eher nach dem Trial-and-Error-Prinzip. Das müssen wir auch. Die Kunden verändern sich ja ebenfalls. Die werden ja auch offener, sind nicht mehr so verhaftet in alten Strukturen. Da muss man wach sein.«

PLATTFORM FÜR NEUE IDEEN

Das mag eine Kleinigkeit sein, so eine Rentnerfeier, sie zeigt aber, wie eine Auflösung der alten Zuständigkeiten dafür sorgt, dass neue Ideen entstehen können, weil ein neues Team mit neuen Leuten einfach diskutiert, wie es gut sein kann, wie etwas kreativ gestaltet werden kann. Und dass Tasks&Teams

genau die Plattform ist, um neue Ideen zu entwickeln – und vor allem Dinge schnell zu entscheiden. Denn Tasks & Teams heißt in erster Linie, Verantwortung zu übertragen und Entscheidungen nicht nur durch Führungskräfte treffen zu lassen.

In der alten Welt hätte die Idee des Weihnachtsmarkts so lange in der Pipeline gehangen, hätte so lange auf das Go durch die mit einer Vielzahl von Entscheidungen überlasteten Führungskräfte warten müssen, dass es zu spät gewesen wäre – und man sich dann doch wieder für lange Tische entschieden hätte.

WARUM MITARBEITER VON DEN CIRCLES ÜBERZEUGT SIND

»Früher, da haben wir immer nach der 100-Prozent-Lösung oder besser noch der 120-Prozent-Lösung für eine Aufgabe, ein Problem gesucht. Eine Lösung musste perfekt sein. Und vor allem: Sie musste von oben abgesegnet sein. Oben war immer wichtig. Daher musste man vorab schon viele mögliche Fallstricke durchdenken, mehrere Scheren im Kopf aktivieren und sich immer absichern. Absichern ist vermutlich die wichtigste Vokabel, wenn sie sich im Organigramm bewegen. Nach ›oben‹ absichern, bei anderen Zuständigkeiten absichern, nach ›unten‹ absichern. Rein gar nichts durfte in die fremde Zuständigkeit ragen. Denn diese wurde verteidigt, hart verteidigt. Und dann eben die Abstimmungsrunden mit ›oben‹, mit den Entscheidern – es hat viel Substanz gekostet, andere zu überzeugen, die Entscheider zu überzeugen. Wie schnell konnten die etwas ablehnen, für das man Wochen gearbeitet hatte. Ein Satz hat gereicht. Und man konnte wieder von vorne beginnen. Heute geht es um Schnelligkeit. Und vor allem darum, effizient und verlässlich herauszufinden, wie man am besten auf den Purpose hinarbeiten kann, was den Kunden und Stakeholdern am meisten nutzt. Und dazu reicht in Zeiten von Tasks & Teams zunächst auch eine 80-prozentige Lösung. Heute wandert eine Idee nicht erst über zig Hierarchiestufen – sondern durch einen Circle.«

TASKS FOR TEAMS

Beispielhafte Aufgabenverteilung und Zusammensetzung
der Circles nach Tasks

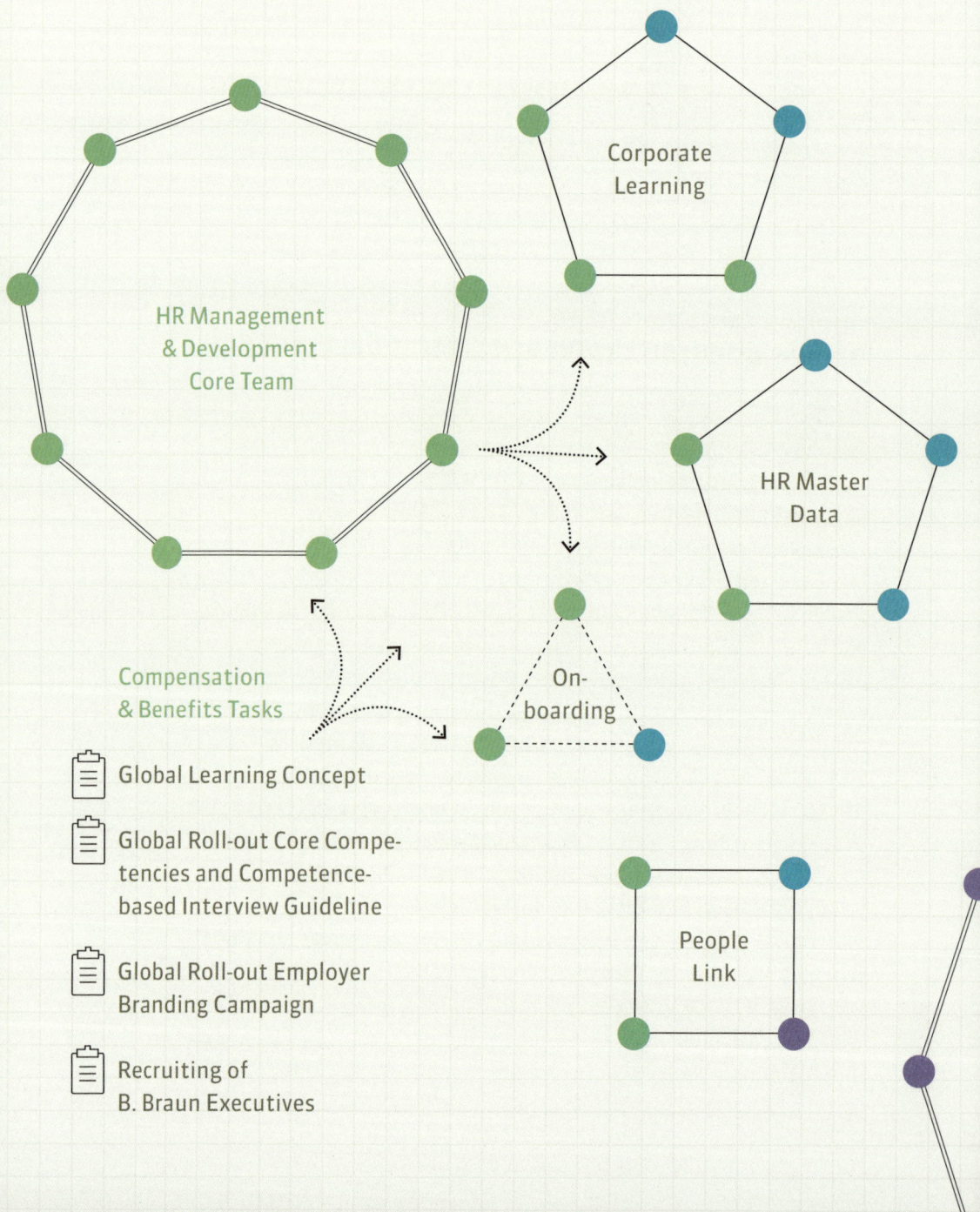

HR Management
& Development
Core Team

Corporate
Learning

HR Master
Data

On-
boarding

People
Link

Compensation
& Benefits Tasks

Global Learning Concept

Global Roll-out Core Compe-
tencies and Competence-
based Interview Guideline

Global Roll-out Employer
Branding Campaign

Recruiting of
B. Braun Executives

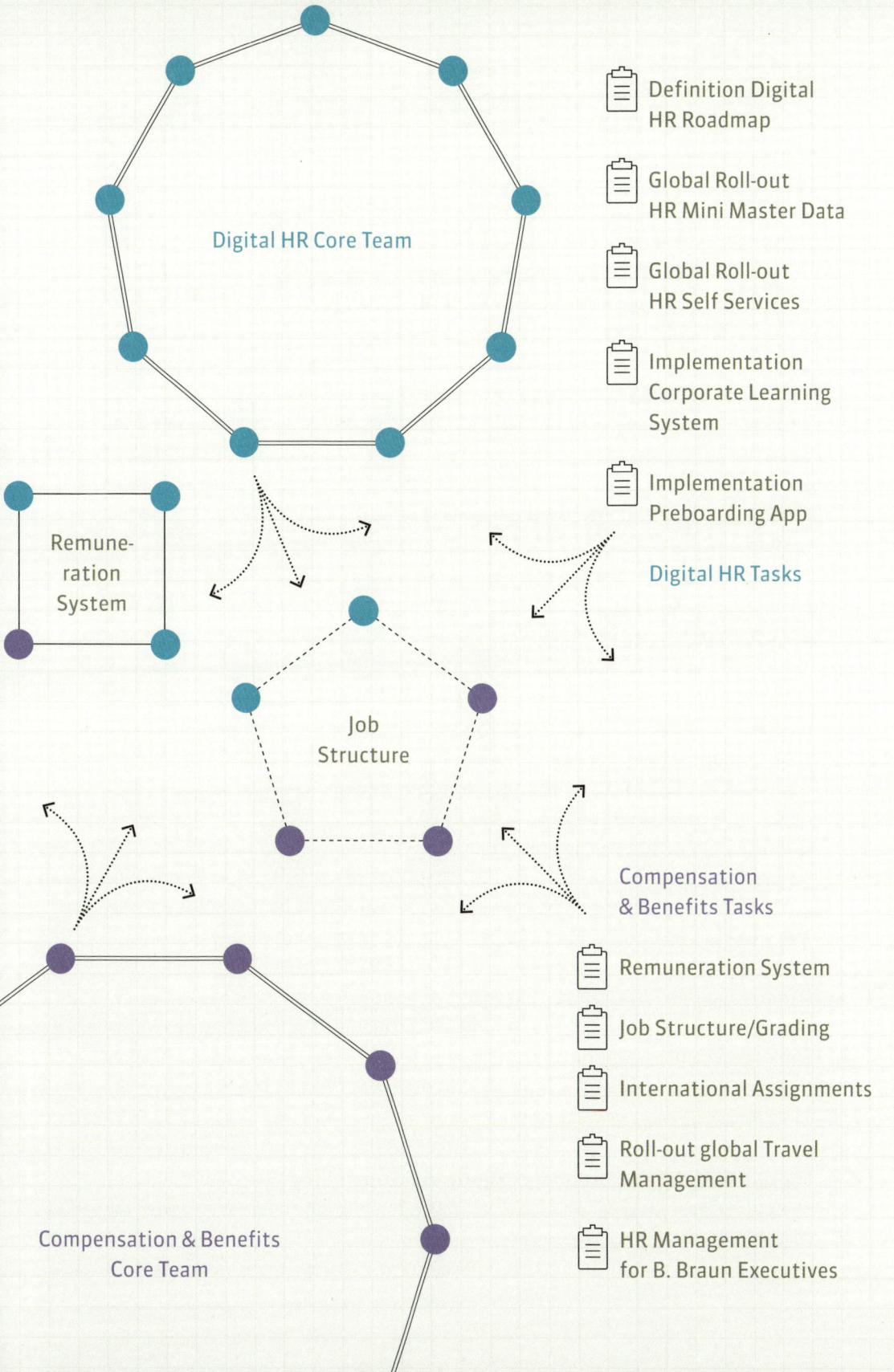

Digital HR Core Team

Definition Digital HR Roadmap

Global Roll-out HR Mini Master Data

Global Roll-out HR Self Services

Implementation Corporate Learning System

Implementation Preboarding App

Digital HR Tasks

Remune-ration System

Job Structure

Compensation & Benefits Tasks

Remuneration System

Job Structure/Grading

International Assignments

Roll-out global Travel Management

HR Management for B. Braun Executives

Compensation & Benefits Core Team

TASKS & TEAMS IN DER ANWENDUNG

Wir haben Tasks & Teams bereits in verschiedenen Abteilungen eingeführt, eine Reihe unterschiedlichster Aufgaben mit Tasks & Teams bearbeitet und Prozesse verändert. Einige Beispiele dafür präsentieren wir Ihnen in diesem Kapitel.

Beginnen wir mit Ansätzen von Tasks & Teams in verschiedenen Abteilungen.

Zunächst ein **Beispiel aus der Rechtsabteilung**. Hier der Bericht eines verantwortlichen Mitarbeiters:

»Die Abteilung Recht, Patente und Compliance besteht derzeit aus 20 Personen. Um die Effektivität unserer Arbeit zu steigern, haben wir vor einiger Zeit die Abteilungsstrukturen und die fachliche Assistenz aufgelöst und Teams für das Tagesgeschäft gebildet. Unsere Ordnungskriterien waren dabei nicht die funktionale und nicht die prozessuale Ausrichtung, sondern die Ausrichtung an den Kunden, die wir intern und extern betreuen. Dadurch ist ein zusätzlicher Gewinn für die Kundenorientierung gegeben, da über die Kundenbedürfnisse ein fachlicher Austausch stattfinden kann, wie er durch eine Trennung nicht gewährleistet wäre. Als optimale Teamgröße hat sich bei uns bewährt, mindestens vier Mitarbeiter in das Team zu nehmen, darunter jeweils immer eine Rechtsanwältin/einen Rechtsanwalt, eine Expertin/einen Experten für Patente und eine Fachassistenz. Wichtig ist, dass jeweils eine Person dabei ist, die Wissen zu den Themen Digitale Transformation und Teamkoordination mitbringt. Und wir verstehen die Teams nicht als disziplinarische Teams, da ansonsten die Teamstruktur wieder zu einer Abteilungsstruktur führen würde.«

Nun ein **Beispiel aus Rechnungslegung und Controlling**. Hier sind die Kernteams im Gegensatz zur Rechtsabteilung, aber ähnlich zu Corporate Human Resources, derzeit nach Schwerpunktthemen organisiert. Darüber hinaus gibt es bereichsübergreifende wiederkehrende Themen, die in interdisziplinären Circles bearbeitet werden können. Außerdem gibt es auch hier noch temporäre Themen, allerdings weit weniger als zum Beispiel im Bereich Recht&Patente und bei CHR.

Dies ist die Ausgangssituation zu Beginn des Prozesses:
Konzernrechnungslegung und Konzerncontrolling sind in zwei getrennten Bereichen organisiert, obwohl Daten und Systeme seit mehreren Jahren harmonisiert sind. Neben dem Konzerncontrolling gibt es für jede operative Sparte ein Spartencontrolling, in dem ebenfalls jede Controllingfunktion abgebildet ist. Organisatorisch befinden sich Konzerncontrolling und Spartencontrollings auf gleicher Ebene nebeneinander. Die Problemstellung ist, dass Konzernrechnungslegung und -controlling dieselben Systeme nutzen und auf dieselben Daten zurückgreifen sowie entsprechende Reports erstellen. Durch die organisatorische Trennung können mögliche Synergien nicht realisiert werden. Durch das mehrfache organisatorische Vorhalten einzelner Controllingfunktionen im Konzern- und Spartencontrolling erfolgt Mehrfacharbeit, und es besteht ein erhöhter Abstimmungsaufwand.

Diese Maßnahmen werden ergriffen:
› Konzernrechnungslegung und -controlling werden zusammengelegt.
› Es werden bereichsübergreifende Controllingfunktionen aufgebaut (Investitionscontrolling, Reporting Unit und Produktionscontrolling).

Folgende Strukturierung wird gemäß Tasks & Teams vorgenommen:
› Der gesamte Bereich wird in die vier Core Teams Accounting, Systems&Reports, Group Steering sowie Functional Controlling eingeteilt.
› Es werden team- und bereichsübergreifende Aufgaben identifiziert, die regelmäßig anfallen und daher als Permanent Topic strukturiert werden: Company Controlling, Risikomanagement, Transfer Pricing, Latest Estimate/Forecasting, Reporting Unit.
› Darüber hinaus werden laufend Projekte als Temporary Topic strukturiert. Hierzu zählen beispielsweise die Erarbeitung von Anwendungsmöglichkeiten für Advanced Analytics, die Überarbeitung des Kennzahlensystems Konzernsteuerung, die Auswahl und Implementierung von neuen Front-End-Lösungen (zum Beispiel Mobile Reporting) und die Definition von Kennzahlen für Accounting- und Controllingprozesse. Diese Temporary Topics werden team- und bereichsübergreifend bearbeitet, aber durch den Bereich Corporate Accounting&Controlling initiiert.

Ergebnisse des Prozesses:
› Die Hierarchie wird abgebaut.
› Schnittstellen und Abstimmungsaufwand zwischen Accounting und Controlling werden minimiert.
› Permanent Topics ermöglichen eine umfassende und schnellere Bearbeitung der Aufgaben.
› Die funktionale Ausrichtung der Controllingfunktionen reduziert Doppelarbeit und Abstimmungsaufwand.
› Die Ressourcenallokation zwischen »Tagesgeschäft« und Projektarbeit wird erleichtert.
› Die Bearbeitung von neuen Aufgaben wird verbessert, da die Grundstruktur des Bereichs flexibler ist.

Anschließend möchten wir ein paar Beispiele für Themen geben, die wir mit Tasks & Teams bearbeitet haben, und für Aufgaben, die wir auf diese Weise besser lösen konnten.

Beispiel: Entwicklungsgespräch im Rahmen von Tasks & Teams
Aufgabe: Konzeption eines Formates zur Förderung der persönlichen und fachlichen Entwicklung im Rahmen von Tasks & Teams. Gestaltung von Prozess, Vorlagen und weiteren Standards, um unter anderem verschiedene Sichtweisen im individuellen Feedback zu berücksichtigen
Team: Acht Mitarbeiterinnen und Mitarbeiter aus HR und Corporate Communications (CC)
Ergebnis: Effiziente und sehr gute Zusammenarbeit über beide Bereiche hinweg sowie die zügige Verabschiedung eines Prototyps
Veränderung durch Tasks & Teams: Das Thema wurde durch ein bereichsübergreifendes Team mit Mitarbeitern aus Corporate HR und Corporate Communications und Führungskräften bearbeitet – von der Bedarfsklärung über die Konzeption bis zur Testphase und nun auch in der bevorstehenden Einführung.

Zuvor war die Verantwortlichkeit für Konzeptentwicklungen von Feedbackinstrumenten organisatorisch bei einem Team innerhalb von Corporate HR verankert. Entscheidungen wurden über zwei Hierarchieebenen hinweg getroffen. Durch das bereichsübergreifende Team konnten verschiedenste Perspektiven berücksichtigt werden, und Feedback aus beiden Bereichen konnte schnell umgesetzt werden. Bei der Entwicklung des Prozesses wurden Entscheidungen gemeinsam getroffen und Ergebnisse zusammen kommuniziert. Dies hat die Transparenz und Akzeptanz gesteigert. Das Konzept konnte zügig in die Testphase überführt werden.

Beispiel: B. Braun Newsroom
Aufgabe: Interne und externe Öffentlichkeit über aktuelle Unternehmensthemen und Ereignisse informieren, »Themen setzen«
Team: Sechs Mitarbeiterinnen und Mitarbeiter aus interner und externer Kommunikation
Ergebnis: Die Synergien der internen und externen Kommunikation werden besser genutzt. Es wird in Zielgruppen gedacht statt in Zuständigkeiten. Die Themen sind besser vernetzt und werden effizienter bearbeitet, da sie nicht mehr getrennt in verschiedenen Teams entstehen. Themen werden im Sinne eines »Content Marketing« unternehmensweit gedacht und geplant.
Veränderung durch Tasks & Teams: Die Grenzen zwischen interner und externer Kommunikation sind aufgelöst. Das Team ist bezüglich der Aufgabenteilung flexibler geworden.

Vorher gab es starre Hierarchien. Jetzt haben Kollegen mehr Mitspracherechte hinsichtlich der Themensetzung und Vorgehensweisen. Die Meetings finden meist nach Mehrheitsentscheid statt, es gibt einen rollierenden Chef vom Dienst. Die Hierarchie ist nun teilweise flacher, teilweise aber auch zentralisiert worden (durch die Einführung der zentralen Rolle des Chefs vom Dienst).

Beispiel: Organisationsentwicklung
Aufgabe: Begleitung von Veränderungsprozessen in der Organisation. Befähigung und Unterstützung von Mitarbeiterinnen und Mitarbeitern, eigenverantwortlich in der Funktion zu agieren, für die sie motiviert und geeignet sind
Team: Sechs Mitarbeiterinnen aus CHR und CC
Ergebnis: Veränderungsprozesse können durch die enge Zusammenarbeit von CHR und CC ganzheitlicher betrachtet und somit umfänglich begleitet werden. Die Zusammensetzung im Kreis ermöglicht eine Begleitung von Prozessen je nach Schwerpunkt und Ressourcen der Kreismitglieder.

Veränderung durch Tasks & Teams: Durch einen Bewerbungsprozess für die Mitarbeit in diesem Kreis konnte eine interessengesteuerte Zusammensetzung des Kreises erreicht werden. Das führte zum einen zu einer erhöhten Motivation bei der Bearbeitung des Themas, zum anderen zu einem stärkeren Commitment zum Kreis selbst. Zuvor erfolgte die Bearbeitung auf der Grundlage der Teamzugehörigkeit.

Außerdem ermöglicht die bereichsübergreifende Zusammenarbeit zwischen CHR und CC eine engere Verzahnung von Konzeption, Durchführung und Kommunikation in Veränderungsprozessen. Vorher wurden CHR und CC separat angefragt, und die Harmonisierung musste nachträglich erfolgen oder entfiel.

CHRONIK EINER SCHLANKEN AUFGABENVERTEILUNG

Erinnern Sie sich an das Beispiel »Chronik einer permanenten Organigramm-Vergrößerung« aus dem Kapitel »Der Weg zur Sprengung«? Nun, heute läuft es bei uns anders.

Stufe 1: In der Abteilung Corporate Human Resources (CHR) wird die Stelle »Head of Talent Management« vakant.

Stufe 2: Obwohl das Thema für den Bereich CHR von großer Priorität und Bedeutung ist, wird keine neue Stelle eingerichtet, und es wird kein neues Team gebildet. Stattdessen wird das Thema ausgeschrieben.

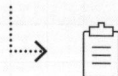

Stufe 3: Die Interessierten treffen sich zu einem Gründungsmeeting und füllen die Konstitution aus. Sie sind zu acht – zu viele, um effizient zusammenzuarbeiten. Beim Ausfüllen der Verantwortlichkeiten stellen sie fest, dass sich daraus gar nicht Rollen für acht Personen ergeben, sondern nur für drei.

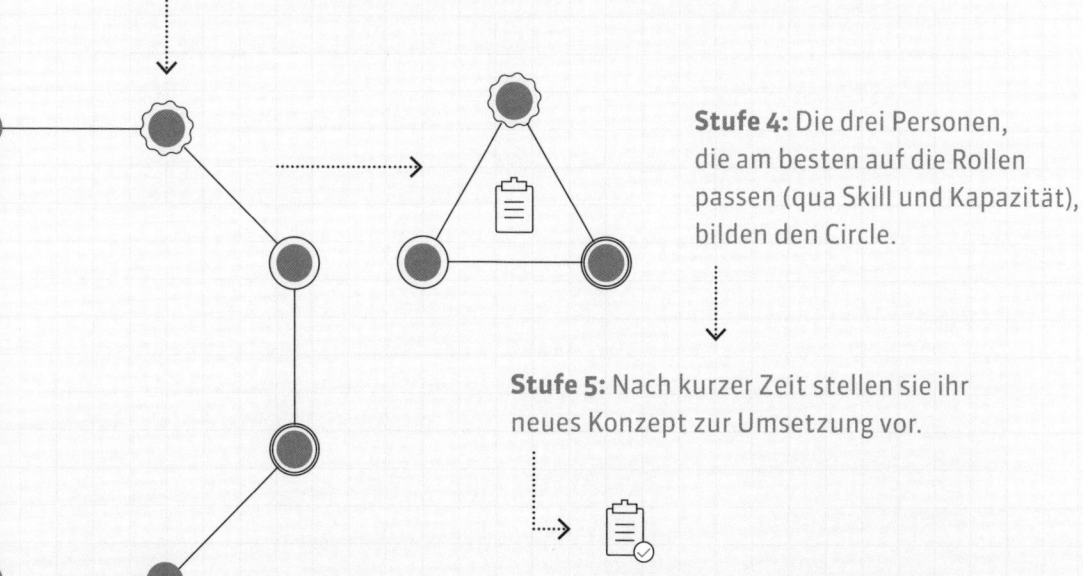

Stufe 4: Die drei Personen, die am besten auf die Rollen passen (qua Skill und Kapazität), bilden den Circle.

Stufe 5: Nach kurzer Zeit stellen sie ihr neues Konzept zur Umsetzung vor.

DAS »STATT«-ORGANIGRAMM

Die Form des Organigramms hat sich tief eingebrannt in unsere Köpfe. Gleichermaßen tief verankert ist der Glaube, nur so ließe sich eine Organisation, ein Unternehmen abbilden. Dass das nicht so ist, haben wir in diesem Buch gezeigt. Wir sind davon überzeugt, dass ein Arbeitsleben ohne Organigramm möglich ist.

Natürlich ist uns bewusst: Es wird nicht überall ohne Organigramme gehen. Das ist sicher. Wenn es um die Zulassung unserer Produkte auf dem amerikanischen Markt geht, müssen wir beispielsweise der Food & Drug Administration (FDA) ein Organigramm vorlegen, auf dem die Zuständigkeiten klar erkennbar sind. Und es gibt weitere vergleichbare Fälle, bei denen man Kompromisse eingehen muss.

In den vergangenen Monaten hat sich weiterhin bestätigt: Es wird auch in Zukunft nicht ohne Führung gehen.

Aber die Chancen, die sich ohne die starren Kästchen-Bildungen ergeben, sind immens. Wir sehen bei uns, wie wir Aufgaben effizienter umsetzen und wie wir parallel die Motivation bei den Mitarbeitern steigern. Die Arbeit macht mehr Spaß. Aber sie wird eben auch zielführender erledigt, und es gibt mehr Austausch dabei. Außerdem entdecken wir fast täglich neue Kompetenzen und Talente im Team.

Wir sind sehr optimistisch, dass sich weitere Bereiche dem Leitbild von Tasks & Teams anschließen werden – wie wir auch zuversichtlich sind, dass sich andere Unternehmen ein Beispiel nehmen werden. Wir wünschen uns das. Denn wir glauben, dass wir mit Tasks & Teams ein gutes Vorbild abgeben.

Wir sind ein Traditionsunternehmen mit einer großen Geschichte, verwurzelt in unserer Region, global tätig, ökonomisch erfolgreich – und wir machen das, was man macht, um in einer volatilen, unsicheren, komplexen und ambigen, also mehrdeutigen Welt erfolgreich zu bleiben: Wir ändern uns.

VUKA HEISST BEI UNS NICHT VOLATILITÄT, UNSICHERHEIT, KOMPLEXITÄT UND AMBIGUITÄT, SONDERN: VERANTWORTUNG, UNTERNEHMERGEIST, KOOPERATION UND AKTIVES GESTALTEN – FÜR JEDEN.

Der Schritt, hier eine neue Organisationsstruktur vorzulegen, ist sicher recht ambitioniert. Manches knirscht noch, nicht alles läuft rund. Und nur weil wir uns verändern, hat sich die Welt nicht gleich mitverändert. Da gilt es, Kompromisse zu schließen, mit dem Unverständnis umgehen lernen, ohne dabei das Ziel aus den Augen zu verlieren.

Denn jedes gute, produktive Meeting, das nicht in die Selbstdarstellungsrunden von früher abgleitet, jede Mitarbeiterin und jeder Mitarbeiter, die Verantwortung übernehmen wollen und engagiert bei der Arbeit sind, zeigen: Wir sind auf dem richtigen Weg.

Wenn dieses Buch Ihr Interesse geweckt hat, wenn Sie noch mehr wissen und weiterhin erfahren wollen, wie Tasks & Teams bei uns gedeiht und wie wir als Unternehmen insgesamt daran wachsen, dann melden Sie sich gerne bei uns, mailen Sie uns.

Wir freuen uns, von Ihnen zu hören!

E-Mail: tasksandteams@gmail.com

DANK

Tasks & Teams – so haben wir auch unsere Arbeit am Buch organisiert.

Am Anfang stand die Idee, unser Wissen und unsere Erfahrungen über die Neuorganisation von Arbeit zu teilen. Schnell war uns klar, dass dies am besten in Form eines Buches geschehen sollte.

Wir haben dann aber keine neue Abteilung gegründet. Keine Abteilung »Schreiben von Büchern« oder Ähnliches. Stattdessen haben wir, nachdem die Aufgabe klar war, ein ganz starkes Team gebildet.

Wir möchten uns für ihren großartigen Einsatz insbesondere bei Anna Stöber bedanken. Sie ist eine treibende Kraft bei der Entwicklung von Tasks & Teams und hat mit einem außerordentlich kreativen Engagement zum Gelingen des Buches beigetragen.

Unser herzlicher Dank gilt auch allen Mitarbeiterinnen und Mitarbeitern, die sich auf Tasks & Teams täglich einlassen, mitgestalten und ihre Ideen für den Erfolg von B. Braun einbringen.

ÜBER
DIE AUTOREN

Heinz-Walter Große ist promovierter Betriebswissenschaftler und seit 2011 Vorstandsvorsitzender des global tätigen Medizintechnik- und Pharmaunternehmens B. Braun Melsungen AG. In mehr als 40 Jahren Betriebszugehörigkeit hat er viele Organigramme gesehen und sich bereits als Finanzvorstand gewundert, wie schnell neue Bereiche mit zusätzlichen Mitarbeitern entstehen. Er ist sich sicher: Das Denken in Organigrammen behindert die Zusammenarbeit und führt zu einem unkontrollierten Aufbau von Personal. Das möchte er mit Tasks & Teams ändern. Er glaubt an die Chance zu einem Umdenken.

Bernadette Tillmanns-Estorf hat in Politischer Wissenschaft und Romanistik promoviert und war 6 Jahre in verschiedenen Positionen für den Deutschen Bundestag tätig, bevor sie 1996 zu B. Braun kam. Dort leitet sie die Bereiche Corporate Communications und Corporate Human Resources. In ihrer Doppelrolle sind ihr teamorientierte Führung, effektive Kommunikation und motivierte, selbstbestimmte Mitarbeiter eine Herzensangelegenheit. Deshalb arbeitet sie seit 2017 in ihren Bereichen über Silos und Kästchen hinweg nach dem Prinzip Tasks & Teams und entwickelt den Ansatz kontinuierlich weiter.

Klimaneutral
Druckprodukt
ClimatePartner.com/12752-1803-1001

Zum Ausgleich für die entstandene CO_2-Emission bei der Produktion dieses Buches unterstützen wir die Erhaltung und Wiederaufforstung des Kibale Nationalparks in Uganda. Das Projekt trägt zum Klimaschutz bei, indem die Bäume bei der Fotosynthese Kohlenstoff aus der Luft binden, es schützt die Biodiversität des tropischen Waldes und sichert 260 Arbeitsplätze.

Bibliografische Information der Deutschen Nationalbibliothek
Die Deutsche Nationalbibliothek verzeichnet diese Publikation in der Deutschen Nationalbibliografie; detaillierte bibliografische Daten sind im Internet über http://dnb.d-nb.de abrufbar.

Cover/Illustrationen/Layout: Christoph Schulz-Hamparian, Stuttgart
Druck und Bindung: Steinmeier GmbH & Co. KG, Deiningen
Printed in Germany

ISBN 978-3-86774-622-9

Besuchen Sie unseren Webshop: www.murmann-verlag.de
Ihre Meinung zu diesem Buch interessiert uns!
Zuschriften bitte an info@murmann-publishers.de
Den Newsletter des Murmann Verlages können Sie anfordern unter newsletter@murmann-publishers.de